华章IT

HZBOOKS | Information Technology

The Secret of Fast Testing: Road to Precision Test

不测的秘密
精准测试之路

TMQ精准测试实践团队 编著

机械工业出版社
China Machine Press

图书在版编目（CIP）数据

不测的秘密：精准测试之路 / TMQ 精准测试实践团队编著 . —北京：机械工业出版社，2017.7（2022.5 重印）

（实战）

ISBN 978-7-111-57117-9

I. 不…　II. T…　III. 软件－测试　IV. TP311.55

中国版本图书馆 CIP 数据核字（2017）第 166436 号

不测的秘密：精准测试之路

出版发行：机械工业出版社（北京市西城区百万庄大街 22 号　邮政编码：100037）

责任编辑：吴　怡　　　　　　　　　责任校对：李秋荣

印　　刷：固安县铭成印刷有限公司　版　　次：2022 年 5 月第 1 版第 2 次印刷

开　　本：186mm×240mm　1/16　　印　　张：13.5

书　　号：ISBN 978-7-111-57117-9　定　　价：69.00 元

凡购本书，如有缺页、倒页、脱页，由本社发行部调换

客服热线：（010）88379426　88361066　　　投稿热线：（010）88379604

购书热线：（010）68326294　88379649　68995259　　读者信箱：hzjsj@hzbook.com

深圳，已是深夜，深南大道旁的腾讯大厦，有几个人走出公司大门，望着天空中的点点繁星，不由感慨，终于把这个版本发出去了，该回家好好休息了。没错，这几个人就是典型的互联网公司的测试人员。

斗转星移，软件测试从诞生到现在已过去40多年。虽然各种测试理论和技术层出不穷，但这个行业近10年的突破仍然较少。敏捷测试虽然已经普及，但是应用的效果因团队而迥异。大部分的测试团队还是处于一种疲于奔命的状态，团队技术弱，测试一片黑，任务重，测试过程重复单调，测试人员对测试结果没信心。

既然现实这么骨感，我们能不能斗胆强调少测一点？测得精准一点？因此有了精准测试的想法，希望以这种反传统的观点带来一股新鲜的空气。在腾讯的一些团队中，精准测试已应用得比较熟练，从测试效果来看，算是走出了一条不寻常的道路。

我们希望给大家提供一种新的思路——如何做到"不测"？解放人力，弥补缺失，去除冗余。这是一本讲方法论的书，除了提供思想方法，还通过讲解最佳工程实践给出具体的指导。大家可以根据团队的现状找到最合适的切入点，逐渐达到"不战而屈人之兵"的境界。

讲方法论的书往往容易枯燥，我们不想讲得枯燥无味，那样就太对不起读者了。好在写书的几个小伙伴都对金庸老爷子有点崇拜，索性就把易筋经和独孤九剑给用上了，另外也把每个章节通过小故事衔接起来，希望大家喜欢。

由于时间仓促，作者水平有限，书中错误之处在所难免，欢迎读者朋友批评指正。从技术上说，精准测试是不完美的，也不可能是完美的，希望大家与我们共同探讨！

本书适合的读者

本书主要介绍人工精准测试闭环和工具平台辅助精准测试闭环，用故事案例的方式阐述精准测试的方法，并给出质量度量的标准。此外，较为详细地阐述了精准测试平台建设的技术方案及其演变。

本书的目标是在不降低质量标准的前提下，探寻缩减测试范围，减少测试独占时长[⊖]之道，主要解决的是传统黑盒测试回归内容较多、耗时较长的问题。

本书可能适合以下人员：

❑ 探寻敏捷之道的测试 leader、测试人员；

❑ 陷入质量和效率两难境地的测试 leader、测试人员；

❑ 想要建设精准测试平台的测试人员、测试开发人员；

❑ 想要对交付产品质量有更大信心的测试人员；

❑ 想缩减测试独占时长的项目经理；

本书内容及特色

本书有两条主线，一条线是故事线，是为了减少技术内容的乏味之故。编者尽量把晦涩的技术内容用平白的对话展示出来，便于读者理解。故事线各个章节前后贯穿，不可拆分。另一条线是技术线，可以拆分为四大部分，下面一一介绍。

第一部分（第 1～2 章）

主要是背景介绍。引入了敏捷转型的挑战、对自动化测试价值的探讨，以及开启测试分析的探索。

第二部分（第 3～5 章，第 11 章）

主要是讲人工精准测分的闭环，也是从传统黑盒测试转型的第一步。对这个闭环了解透彻，可帮助大家从现状中找到转变点，落地行动起来。

⊖ "测试独占时长"的解释：从最后一个需求的提测时间到测试报告发出时间，这段时间我们称为测试独占时长，是对产品迭代发布周期有直接影响的时间。

第三部分（第 6～10 章）

主要是讲为了持续提升代码测分的效率而搭建精准测分平台，并落地见效的过程，是一个平台辅助精准测分的闭环。这个闭环不仅可以给大家提供平台建设的技术方案思路，还可以给大家开展代码测分可能遇到的困境提供解决方案思路。

第四部分（第 12～13 章）

这是个总论，对整本书每章内容进行精辟的总结，并阐述在面临质量和效率两难境地时破局的思路。同时提出精准测试可助力大家迎接更大挑战。

本书阅读建议

如果你是一个喜欢先看全书概论的人，建议你先看第 12 章，然后再从头看起。

如果你是一个急需了解精准测分如何落地的人，建议你先看第二部分，也就是第 3～5 章、第 11 章，然后看第 12 章，再看其他章节。

如果你是一个喜欢故事情节连贯的人，建议从头看起。

关于作者

本书的作者们来自腾讯移动品质中心（TMQ）的电脑管家、手机管家和应用宝测试团队，他们长期实践精准测分，积累了很多实战经验。在精准测试的工程实现上，也做了不少的探索。近年来，在 MIG 无线研发部两位总经理冼文佟、陈诚的鼓励和支持下，TMQ 的同学们踊跃将过去的知识和经验集结成册，分享给业界的小伙伴们。在继《腾讯 Android 自动化测试实战》、《移动 App 性能评测与优化》、《腾讯 iOS 测试实践》后，本书作为 TMQ 系列的另一新作，希望能从测试思想和方法上，给各位读者带来新的启发。

本书的思路大纲由李德广、刘建生、徐志广、李叶、杜晨亮提供。

本书主编：李德广、刘建生。

本书副主编：薛玲玲。

本书主要编著成员有：窦仟、何冬花、黄小勇、刘楚蓉、卢少娜、马识佳、尚鸿、王媛、熊彪、杨春喜、张艳、赵燕、朱伟鸿（按拼音顺序排列）。引子和第 1、2 章、附录：李德广、卢少娜、刘楚蓉、赵燕、杨春喜；第 3 章：张艳、薛玲玲、熊彪；第4章：刘建生、薛玲玲、熊彪；第5、11章：马识佳、黄小勇；第6章：何冬花；第7章：窦仟；第8章：王媛、熊彪；第9章：熊彪、黄小勇；第10章：尚鸿、黄小勇；第12、13章：薛玲玲；后记：朱伟鸿。

TMQ深圳

TMQ广州

特别致谢

李德广致谢：

非常感谢各位小伙伴们在繁忙的工作之余，投入了大量的精力，终于把这本书完成了，再一次显示了我们团队的力量！同时感谢 TMQ 的几位总监：廖志、刘建生、丁如敏，携手打造了 TMQ 这样好的平台和分享氛围！感谢鼎叔张鼎，从一开始就和我们讨论这本书的思路！特别感谢出版社的吴怡编辑，自始至终都在关注我们，给了我们很多帮助和建议！

薛玲玲致谢：

首先要感谢的是，给我们团队带来精准测分思想的李德广、刘建生。没有这两位 leader 的思想引领和技术引领，就没有整个团队最终精准测分实战的落地和收获。非常感谢！

其次要感谢的是，业务产品对质量和效率的不懈追求。没有你们的鞭策和挑战，就没有测试团队持续攀登高峰的勇气和信心。非常感谢！

然后要感谢的是，TMQ 从职业发展角度对业务测试团队提出了更高的技术要求，并提供了更宽广的视野，让大家前进的劲头更足。非常感谢！

更要感谢的是，本书的编者们，没有各位编者在百忙之中，抽出精力，写出自己的实战内容和体会，就没有这本书的完成，小伙伴们太赞了！

此外，我还要感谢我们的设计师老麦（麥偉強）、黄盛全，感谢他们于百忙之中帮助设计本书的主人公头像，大道至简，寥寥数笔，精准地刻画出我们主人公蓬勃向上的头像。还要感谢我们的同事廖海珍，没有她与出版社坚持不懈的催稿，我们这本书也许还要再等待几个月才会与大家见面，感谢！

最后，感谢我的家人们，正是你们的坚强后盾，赋予我坚持不懈努力前行的保障和动力，深深的感激，永远爱你们！

窦仟致谢：

感谢领导的前瞻视野。感谢测试对质量和效率的不断追求。感谢测开对技术的探索精神。感谢家人对我们工作的支持。

何冬花致谢：

从以前粗犷黑盒测试到现在的精准测试，在这个过程中，我们团队经过了一次次尝试和努力，终于形成了我们这本书。感谢我的领导和团队，让我在其中收获满满。感谢家人对我工作的支持。希望这本书会给你带来帮助，这不会是终点，希望跟在测试道路上前行的伙伴们一起努力。

黄小勇致谢：

用更有效率的手段来保证产品质量，一直是我们追求的目标。感谢安全业务测试组给予我们尝试创新的土壤，与各位小伙伴一起进行精准测试探索让我受益良多。同时也要感谢我的家人，你们的支持和鼓励是我不断进取的力量源泉。

刘楚蓉致谢：

感谢品质中心老大们对精准测试技术如何落地不断给予指导，感谢应用宝测试团队长期以来的支持与帮助，一次次的碰撞让精准测试在应用宝多FT运转模式下顺利规模化地运转起来，很大程度提升了测试效率。最后感谢我的家人对我工作的支持与理解。

卢少娜致谢：

感谢手机管家测试成员的努力，精准测试从一个模糊的概念到落实测试过程，从虚到实，脚踏实地帮助我们提升版本内容的质量和效率，让我们做好手机管家的坚实后盾。感谢安东和cody日常提供很好的帮助与指导，最后要感谢我的家人，给我的工作百分百支持。

马识佳致谢：

感谢腾讯，提供给我们追求卓越、勇于创新的土壤，感谢手机管家测试团队，感谢我的领导cody和安东，在精准测试、提升测试效率和质量的过程中给予的帮助和指导，感谢我的家人，对我一如既往的鼓励支持，让我遇到困难时能坚强地面对。

尚鸿致谢：

感谢安全业务测试组的小伙伴，工作中与他们的思想碰撞开阔了我的思路，他们在精准测试中的思考也给了我很大的帮助。特别感谢cody、彪哥和patia，得益于他们的指导在精准测试实践项目中我才能有所总结和突破。

最后感谢我的家人，是他们的支持和鼓励才能让我更专心的投入工作，享受工作带来的成就感。

王媛致谢：

感谢桌管测试团队对精准测试技术的不断探索和研究，让我能够将该技术实践于具体项目中，并有幸参与本书的写作，从而提升了技能，开拓了视野；感谢家人对我工作的支持和理解。

熊彪致谢：

感谢测试团队对测试质量与效率的极致追求，感谢我的家人对我工作的支持与理解。

杨春喜致谢：

感谢职业领路人刘建生先生在应用宝精准测试技术上的指导，感谢应用宝测试小伙伴在实施过程不断的思想碰撞让精准测试在应用宝版本测试中非常完善的落地下来，成为应用宝质量保证的不可或缺的利器。感谢本书的主编李德广先生让应用宝在精准技术实施的案例能够有机会跟大家一起交流。如果你希望更加了解你的被测对象，进而制定出非常专业的测试策略，此书将非常适合您。

张艳致谢：

感谢 cody、gandalf 在精准测分方面给我们带来的指导、灵感和思路，能与你们一起参与这本书的写作倍感荣幸；感谢电脑管家测试组的所有小伙伴，谢谢你们对我工作中的各种帮助和支持，与你们成为同事真的好开心；感谢所有合作过的开发、产品、运营等等所有的同事，与你们合作，我受益良多；最后，感谢家人，尤其是茜茜小朋友对我工作一如既往的理解与支持，你们一直是我最坚实的后盾，爱你们。

赵燕致谢：

首先要感谢我的领导李德广和高安东在工作中给予我的帮助和指导，其次要感谢我同组的小伙伴长久以来的支持和帮助，最后要感谢我的家人在生活中给予我无微不至的关怀，让我能够专心致志地工作。

朱伟鸿致谢：

感谢广州测试组的小伙伴的支持，感谢他们给予我的指导和提供各种各样的灵感；其次感谢 cody 与安东，感谢他们在测试工作中给予我的支持与帮助；最后感谢我的家人，特别是我的老婆，感谢家人对我工作的支持，感谢老婆一直以来的陪伴。

目 录 *Contents*

引　子

我们这本书的主人公叫腾小宇，本书讲述的是这名 IT 男的故事。故事？这不是一本讲测试技术的书籍吗？技术和故事有几毛钱的关系？客官别急，容我慢慢道来。

姓名：腾小宇
性别：男
年龄：标准90后
爱好：武侠小说、王者荣耀
主业：卖茶叶蛋
副业：软件测试

腾小宇，年方二八。哦，不对，没那么花季，刚满22岁。此时，正值盛夏，他正在一列飞驰的高铁上。百无聊赖中，翻开朋友圈，一条消息跳了出来：2016最励志的程序员——小王毕业一年，省吃俭用，公司安排食宿，不交女朋友，不旅游，一年后存了 2 万块钱，加上老爸给的 98 万在市中心买了一套房。

看到这里，小宇不禁笑了起来："还以为真是励志故事，原来又是一个段子手。"

小宇最近刚从北方一所知名大学毕业，随着浩浩大军南下深圳。在南下的高铁上，小宇开始浮想联翩。

"听师兄说今年深圳的房价飙升，很多人都不愿意去深圳了，我这个时候去，是正确的选择吗？"

腾小宇老家在南方的一座小城市，父母都是工厂的工人，能供上他念完大学就已经很不错了。他也没奢望在买房这种事情上，父母能给予多大的帮助。他坚信爱拼才会赢的道理。想到这里，他不由地坚定了自己的想法："没啥大不了的，深圳机会多，总会成功的！"

他回了几条微信消息，都是几个哥们发来的，问什么时候到站。聊完后，小宇看了看时间，下午4点整，还有2个小时才到深圳。于是，他翻出背包里的一本书，痴迷地看了起来。

小宇是个武侠迷，尤其喜爱金庸老爷子的小说《笑傲江湖》，他羡慕令狐冲的不羁和洒脱。话说那令狐冲在机缘之下学会了独孤九剑，之后就无敌于江湖，这是多么让人羡慕的事情啊。小宇不知不觉睡着了，朦胧中感觉有人在拍他的肩膀："你好，到终点站了！"。小宇睁开眼，急忙拿起背包，拖着行李箱下了车。走出火车站，回头望了望，大楼上硕大的四个大字：深圳北站！

小宇不由得感到一阵兴奋，这就是深圳啊！他掏出手机，拍了几张照，准备一会儿发给哥几个看看。时针指向晚上6点30分，特区此时还是大白天，阳光还很刺眼。小宇定了定神，开始想想接下来的计划。他要先去一个师兄那里借宿一晚，明后天是周末，刚好找个房子。他正准备叫个滴滴，突然想起来，入职通知中说交通费是可以报销的。于是，他穿过站前广场，顺着标识走进地下停车场，排队打车。

排队的车很多，打车的人也很多，但奇怪的是秩序井然，一点儿也不乱。小宇不由得感叹道："深圳人民的素质果然不一样"。不一会儿轮到小宇了，他跳上一辆出租车，冷气扑面而来，真舒坦。

小宇打车到了宝安区的一个农民房小区，师兄已经在楼下接他了。

"师兄，你们深圳的出租车怎么有两种颜色？"

"你们深圳？深圳暂时还不属于我的。"师兄不愧是学计算机的，逻辑好严密。

"哦，很快就属于你了。"

"红色是关内的出租车，绿色的是关外的出租车。你看你坐的就是绿的。"

"哦，原来如此。"

　　两人把东西陆续搬上楼，安顿好，已经晚上 8 点了。这时，师兄提议说："走，小宇，吃饭去"，小宇这才想起来确实饿了。他们走出单元门，往不远处嘈杂的地方走去。

　　小宇师兄住的这个地方，有好几十栋楼。楼与楼之间挨得很近，最近的地方打开窗户都能握着手，所以很多人都管这种楼叫握手楼，这是广州和深圳的一大特色。

　　楼下的这条街很热闹，有各种店铺。卖吃的、穿的、玩的，应有尽有，还有那么一两家闪着霓虹灯的理发店。师兄带着小宇找了一家湖南菜，点了几个菜，胡乱吃了起来。

　　"来，小宇，干一杯，欢迎来到深圳！"

　　"多谢师兄照顾！"

　　两个人边吃边聊，师兄追忆起了校园时光，不时和小宇确认某某老师近况，某某地方怎样了。小宇也不时向师兄请教深圳的感受，两个人好不热闹。

　　"师兄，明天我去哪里找房子好点？"小宇问道。

　　"就这附近吧！生活和交通都方便，离科技园也近，坐地铁可以直达。"

　　"好，明天你有事先去忙，我自己搞定。"

　　"真的搞得定吗？"

　　"没问题！我从小就一个人独立惯了。"

　　"好，那有事打我电话。"

　　小宇听了一番师兄的交代后，对找房子表示毫无压力。在深圳的城中村中租房，你只需要去每一栋楼下看房东贴的告示就行了。有空房会在上面写出来，想租房的打电话给房东，房东会下来带着你看房，谈价钱，谈好马上就可以入住。

　　第二天，小宇按照师兄的指示开始了找房行动。果然不怎么费劲，他就看过了三四套房子。最终，他看中了其中一套 5 楼的，月租 1000 块，房子里什么都没有，全要自己买。不管怎么样，总算有了一个自己的小窝。腾小宇有点小小的兴奋，在剩下的时间中，他买了几大件儿——床、床垫、衣柜、热水器。

　　周末一转眼就过了，此时的腾小宇，已经安顿下来。明天就是上班报到的第一天，他充满了期待和紧张。

你心急如焚，我举步维艰

第1节　初见真颜

上班第一天，小宇早早起床，洗漱完毕，兴奋地背起电脑包搭乘公司班车，一路上小宇心里充满了期待，他心里默默想着：新公司的高大上的办公环境一定很舒适，我的 leader 是男的还是女的呢？周围的同事一定都很厉害吧，我一定要向他们好好学习，早日成为 IT 界的大牛。小宇的思绪随着班车的前行越飘越远。"马上就到海滨大厦了，在这里上班的可以下车了"，司机温馨的提示语打断了小宇的思绪。随着人流小宇终于踏入了公司的大门，心里既激动又紧张。

迎接小宇的是亲切甜美的 HR 姐姐，在 HR 姐姐的带领下，小宇来到了将要工作的项目组，见到了自己的直属 leader 莎姐，莎姐留着短发，带着黑框眼镜，显得十分干练且自带强大气场，小宇显得有些拘束，简单做了一下自我介绍。"腾小宇，来，介绍一下，这是你的导师，叫陈导就行"，莎姐指着旁边一位身材稍微发福的人说。

"你好，陈导！我叫小宇，请多多指教。"

"欢迎！不多说了，一会儿有个项目例会，你跟着参加吧。"

"好！"

小宇嘴上答应着，心里却嘀咕着："节奏也太快了点吧，第一天不是应该先熟悉环境，装好电脑，安装必备软件，申请账号，开通权限之类的吗？"虽然心里充满疑惑，但是作为新人抓住机会赶快适应项目也未尝不是一件好事，趁着开会前小宇赶紧装好电脑和一些常用软件，以最快速度进入工作状态。

环顾四周，同事们都专注于自己的工作，整个办公室都凝聚着紧张的气氛。如小宇所料，IT 公司工作强度都是很大的。此时小宇心里有一丝丝疑虑，他一方面担忧自己能否适应这种高强度的工作，另一方面又想既来之，则安之，努力适应当前的环境，作为新人他需要成长。

第 2 节　敏捷转型

项目例会开始了，今天有点奇怪，部门的 boss 也到场了，大家议论纷纷，觉得一定有不同寻常的事情发生。

果然，boss 首先说话了："同学们，今天给大家宣布一件重大事情！鉴于目前行业现状和公司业务上的要求，我们考虑践行敏捷转型！"

"哇，敏捷？这个词好熟悉！"下面开始议论纷纷。

boss 接着说"没错！虽然敏捷已经在行业里面风靡了好几年了，但是对于我们这样的公司，因为业务性质的关系，我们一直比较谨慎。但经过这几年的观察，我们不得不面临转型的挑战，我们的产品需要快速迭代发布版本！"

"领导英明！"众人纷纷支持。

"别拍马屁了！鉴于此，我们技术部做出了一个决定，邀请了业界知名的敏捷教练，同我们一起实施这场变革！"boss 制止了喧闹。

"哇，牛！期待看看是谁！"

"下面让我来介绍一下……"

腾小宇听得入迷了，在他看来，自己刚踏上工作岗位，就碰上了这样的事情，实在是梦寐以求。一直以来，他是学霸，计算机编程高手，恨不得有三头六臂，把自己所有的精力都投入到工作中。

在接下来的几个月里，敏捷像一阵风一样侵袭公司的每个角落，包括总经理办公室、会议室、文件打印室和洗手间。不管是研发领导们，还是开发工程师们，仿佛在一夜之间都彻底恨透了 CMMI，甚至连配置管理和 SQA 工程师们也跟着起哄，互相奔走相告践行敏捷转型：

"以后不怕产品加需求和变更需求了，尽管放马过来吧！"

"终于可以不用加班熬夜写系统设计文档了，让流程见鬼去吧；终于可以想怎么写代码就怎么写代码了，不用为了修一个 bug，改一行代码就看测试人员的脸色。"

"嗯，SVN 服务器的目录和空间可以省一省了。"

……

仔细观察这些人的眉宇之间，好像隐隐有了一种马上都要"出任 CEO，迎娶白富美，走上人生巅峰"的豪情壮志。

然而，在这万众欢呼庆祝敏捷转型的到来之际，却有那么一群人看起来不太对劲，会议室里，几个测试员正紧缩眉头，集体苦苦思索着。敏捷转型意味着去流程化，可以想象这对测试人员来说是多大的挑战，需求说变就变，代码想改就改，测试效率如何提高，测试质量又如何保证呢？腾小宇作为一枚新人，当然还体会不到其中的困惑，只是意识到敏捷转型已经是一件势在必行的事情。

敏捷转型的号角已经吹响，各个项目都开始进行敏捷转型落地，开始改革各种流程。产品需求说改就改，测试人员只好见招拆招，你改需求我就要求延长测试时间，作为测试人员质量是最重要的，但敏捷强调快是王道，看起来这似乎是矛盾的。

现实中测试面临的挑战

在传统体系中，我们希望很多事情都是完美的，在测试人员眼中的软件研发应该是这样的：

a）需求是清晰的。

b）流程是固化的。

c）开发是有序的。

d）系统是可测的。

e）测试时间是充足的。

f）用户是讲道理的。

可是，理想是丰满的，现实是骨感的！我们看到的是这样的：需求频繁改，开发者的交付问题多，测试者总是被催促，用户骂声一片，产品经理拼命想点子。

是这个世界太疯狂了吗？不是的。互联网的变化越来越快，用户越来越在乎体验，客户越来越挑剔；交付压力也越来越大；这一切的一切都使敏捷显得势在必行。

既然我们对需求频繁变化不再陌生，并且开始慢慢认为这是合理的；开发人员延迟开发计划、压缩测试时间，已经成为常态。测试经常会是最后的一道工序，加班加点似乎已经成了一种习惯。

那么问题来了，在这种情况下：

❑ 我们还能随心所欲地设计大量测试用例吗？

❑ 还有大段的系统测试时间和集成测试时间吗？

❑ 还能要求充足地回归测试吗？

❑ 还能期望开发人员提供各种测试建议吗？

❑ 现实如此，测试还能不能愉快地进行下去了？

第 3 节　被 挑 战 了

腾小宇在这样的环境中，每天努力工作，在完成培训计划的同时，也承担部分的测试工作，成长很快。直到有一天，他所在的测试组收到了一封邮件，来自平时一向表现稳重的一个业务部门的运营同事，原文大概如下：

致技术部的大牛们：

　　我一向认为自己谦虚友善、善于沟通，也尊重技术部同学的专业性和工作评估；但今天我忍无可忍，因为业务冲量迫在眉睫，所以希望能够修改激励用户的一个小小的奖励算法。

　　开发哥告诉我只要修改一个公共方法，三行代码；但你们的测试姐告诉我，因为不确定影响了哪些功能，为了确保不出问题，所以要测试所有的核心功能，一个全职投入的测试姐要一个星期的工作量。加上各种版本管理的时间，这样一个简单的需求，需要两周才能上线。

　　我们还是遵循敏捷研发流程的互联网企业吗？难道这个工作效率比有关部门会高一些吗？

　　我也是技术部出身，以前我曾深深地以技术部为荣，今天，我不得不以技术部为耻！

"这么劲爆的邮件！"腾小宇心里想，"要回复吗？该怎么回复呢？"可是，等了一个小时，两个小时，四个小时，还是没看到谁来回复这封邮件。可是，小宇注意到，自己的 leader 莎姐神色凝重的坐在那里，一言不发。

小宇心想："不是在憋什么大招吧？"

可是，这一天就这么平静地过去了。转眼到了周末，大家又都各自忙各自的去了。

回归测试带给我们的痛苦

场景一：

开发哥："刚修复了一个紧急用户反馈，安排测试测一下吧！"

测试姐："改了哪些地方？对哪些功能有影响？"

开发哥："改了好些地方，为了保险，把基本功能都测一下吧。"

场景二：

开发哥："昨天的修改测试完成了吗？"

测试姐："哥，别催！还在测试中，要跑 500 个用例呢！"

开发哥："啊，我只修改了一行代码吧，怎么需要测这么多呢？"

对于以上对话，是否有似曾相识的感觉？作者不敢妄自揣测所有人都经历过，但在作者的职业生涯中，这样的情况很常见，至于结果，那就是留下测试人员独自在风中凌乱。测试为什么要测这么多地方？因为我们需要做大量的回归测试。

在最早的测试理论中，对回归测试的定义是这样的："回归测试是指修改了旧代码后，重新进行测试以确认修改没有引入新的错误或导致其他代码产生错误。回归测试作为软件生命周期的一个组成部分，在整个测试过程中占有很大的工作量比重，软件开发的各个阶段都会进行多次回归测试。内容通常是重复以前的全部或部分的相同测试。"

在测试实践中，回归测试需要反复进行，当测试人员一次又一次地完成相同的测试时，这些回归测试会变得相当令人厌烦，当大多数回归测试需要手工测试来完成的时候尤其如此。传统的测试理论是这样建议的："在给定的预算和进度下，尽可能多地、有效地进行回归测试。"

在互联网的企业中，这种现象也非常常见：一个有一定的功能复杂度，开发测试人员在 30～50 人左右的产品，测试用例总量上万是很常见的事；即使我们只选取核心功能作为缩减后的回归测试用例，也高达 2000～3000 或以上。我们来看看一个实际的较大版本的测试工作量评估：

❑ 开发工作量估算：35 人月。

- ❏ 测试工作量估算：13 人月。
- ❏ 第一批需求测试：约 1000 测试用例，需 25 人日。
- ❏ 第一批回归测试：约 800 回归用例，需 20 人日。
- ❏ 第二批需求测试：约 800 测试用例，需 20 人日。
- ❏ 第二批回归测试：约 600 回归用例，需 15 人日。
- ❏ 第三批需求测试：约 900 测试用例，需 23 人日。
- ❏ 第三批回归测试（可能会和集成测试合并）：约 600 回归用例，需 15 人日。
- ❏ 集成测试：约 2500 用例（主要指集成相关的测试用例集合），需 63 人日。
- ❏ 整体回归测试：约 3700 用例（部分需求用例加上部分缩减回归用例），需 93 人日。
- ❏ 预发布回归测试：约 500 用例，需 13 人日。

这个计划可能还是一个相对比较保守的计划，如果在开发过程中，由于开发过程质量比较差，出现比较多的 bug，那么零散的回归测试会更多。

从这个计划上来看，实际上需求测试的用例执行次数约为 2700 次，回归用例的执行次数约为 8700 次。回归测试执行占总测试量的比例为 76%，而且至少超过半数都不是新写的（新需求或需求的变化），为什么？多数团队从风险规避的角度出发，即使知道这样的测试必定是有冗余的（多么痛的领悟），也不得不扩大测试范围。"谎言重复一千遍就变成了真理"，在测试行业中，这种现象很普遍，测试人员甚至把这样的现象奉为方法论。

第 4 节　leader 的分析

周一一大早，大家刚到齐，就听见莎姐吼了一句："兄弟们，咱们开个会！"

会议室里，莎姐环视了一周，缓缓说道："同学们，知道为什么这么着急叫大家来开这个会吗？"

"应该是上周那封邮件的事情吧？"腾小宇试探性地说了句。

"没错，就是那一封邮件！经过这几天的思考，我觉得对方挑战得对！"

"……"大家面面相觑。

"敏捷转型已经开始运行一段时间了，而我们测试同学还是沿用传统的测试思维，为了保证软件质量，对于一些细微的改动仍不惜花费大量的时间进行回归测试，但是这真的有必要吗？作为测试我们是否也应该考虑转型。"

"这是我周末经过深入思考做的一些总结，打印出来给大家看看，大家看完后可以发表自己的意见和想法。"

腾小宇接过传过来的一叠纸，仔细阅读起来，上面列举了过去的测试策略和测试流程，分析了过去测试策略上的优势和劣势，特别是对过去的测试策略和测试流程在敏捷转型后面临的挑战进行了分析。

大家你一言我一语讨论起来，气氛非常热烈。看得出来，大家对于敏捷模式下的测试工作，还是有很多想法的，总的来说就是要保证质量和提升效率，最终在如何提升回归测试效率的问题上，大家形成了两种意见：

1）缩减回归测试的范围。

2）依靠自动化测试。

对于第一种方案，赞成者居多，但是如何去实现，经过几轮 PK 后仍然没有好的方案。于是，莎姐再一次站了出来，自动化测试是业内比较成熟的做法，我们可以先尝试一下第二种方案，依靠自动化测试来解决回归测试的效率问题。

第5节　自动化，想说爱你不容易

腾小宇他们所测试的产品，是一款互联网的 PC 音乐播放器，用标准的 C++ 开发的软件。说到自动化测试，大家都不陌生，因为在过去的几年中，测试开发团队已经做出了一个自动化测试框架。

开会后的第二天，莎姐召集了几个人，其中就有陈导，开始讨论自动化测试的实施方案。

"我们可以用现成的自动化测试框架，以前测开组做的那个。"彪哥第一个发言。

"还能用吗？我们的 UI 可改了好几版了。"陈导提出一个疑问。

"应该没问题。只要开发哥还遵守了以前我们定义的规范，UI 对象应该还可以识别。"彪哥答复。

"这只是设想，需要去摸个底。"陈导说。

按照大家讨论的情况，莎姐做了分工，腾小宇也被安排进了这个自动化突击队，因为他在面试时表现出的良好代码能力给莎姐留下了深刻的印象。莎姐觉得这样的人才应该在这个关键时刻用上，加上小宇是个新人，更需要这样高强度的项目来磨练，帮助他快速成长。

自动化突击队开始了自我救赎之路，他们挑选出了所有的 P1 级别的用例，数量在 500 个左右。腾小宇也被分配了任务，他的工作是按照手工用例的步骤，在自动化框架下写测试脚本。

经过半年的努力，自动化测试突击队终于圆满的完成了任务，看着自己写的测试代码如丝般顺滑地跑了起来。大家的心里别提有多高兴了。尤其是小宇，这是他进公司以来参与的最有挑战的工作，此刻心中充满成就感。

自动化测试脚本每天都在跑，大家心里充满了期待，希望在最近的迭代版本中，自动化测试能在回归测试中派上用场。

紧张的时刻到了，在更新了版本代码后，发现很多用例都跑失败了。

"咦，怎么这么多用例都跑不过去？"腾小宇第一个发现了问题。

"我去，查一下，是咋回事！"陈导跳了起来。

"这个版本做了 UI 大改版，以前的 UI 控件被改得面目全非了，整个操作流程都改变了……"陈导说。

这天晚上，时针指向 10 点整，腾小宇还在和大家调试自动化测试的脚本。

"陈导，咱们自动化测试怎么这么脆弱呢？"小宇鼓起勇气问了句。

"没办法，UI 自动化天生就有这个缺陷。高度依赖 UI 属性，一旦产品的界面发生改变，脚本的维护量非常大。"陈导耐心地解释着。

"哦，有人解决过这个问题吗？"小宇问。

"很少。据我所知，在传统软件领域内，还有那么一些公司的自动化效果还不错，但是他们的产品不像我们互联网公司的产品，产品 UI 相对比较固定。"陈导望着远方说道。

"哦，确实是，我来这里一阵，界面就改了两三回了！"小宇若有所思。

"嗯，别想那么多了，今晚先把眼前的问题解决了吧！"陈导催促到。

在一瓶瓶红牛的助力下，突击队终于把所有的用例维护好了。踏出公司大门的那一刻，小宇看着漫天的星斗，吸着凉爽的空气，感觉脑袋特别清醒。他发了一篇朋友圈：凌晨 2 点的天气，真好！

第 6 节　自动化测试的价值

小宇所在的自动化突击队，在经历了半年的攻坚、兴奋、持续维护之后，大家集体陷入疲惫状态，leader 莎姐及时发现了这种现象，带领大家就几个问题进行了深刻的反思。

1. 传统的自动化价值有哪些?

一些"敏捷理论"里是这样说的："在传统的瀑布式开发里，自动化测试的推行，是一种进步；而在敏捷研发模式里，自动化是必不可少的基础。"

❑ 自动化测试能提高效率，缩短测试工作时间。

❑ 自动化测试和人工测试相比，每一次的测试执行操作都是固定的，非常忠实、可靠。

❑ 自动化测试能加大每一轮回归的力度，从而提升测试覆盖率。

❑ 自动化测试具备更好地重现软件缺陷的能力，因为它有很强的一致性和可重复性。

从以上的声音出发，很容易得出一个结论，自动化测试能节省人力，能缩减测试人员的投入，能增强测试有效性。它不仅能为老板省钱，也比人做得更好。

传统自动化 ROI（成本与收益）的公式也是这样写的：

自动化的收益＝迭代次数 × 全手动执行成本—首次自动化成本—维护次数 × 维护成本

或者如果假设迭代次数和维护次数近似相等，这个公式在某些情况下可以成立，比如一个比较新的产品：

自动化的收益＝迭代次数 ×（全手动执行成本—维护成本）—首次自动化成本

正因为有这些光环，所以自动化测试的价值很容易说服老板们。

从这个公式里也很容易看到，实际上传统的自动化 ROI 分析，主要是基于把自动化测试定位在回归测试执行者的角度。

然后，这里实际上有一个很大的前提。也是传统的自动化理论"赖以生存"的基础。这个前提就是"测试做得越多越好"。老板们对测试覆盖率的理解，分子是指测试或自动化测试跑过的用例数，分母是产品所有的功能对应的测试用例。

这个理解仅对于一个全新的、第一次做的项目或产品，是正确的；但对后续的"迭代"和"增量版本"来说，也是合理的吗？前面我们已对回归测试做过分析，在回归测试中，有很大一部分是因为项目团队及测试人员的"不放心"，因为不放心进行测试，冗余比例是非常高的。也就是说，我们上述的自动化 ROI 计算公式，收益很大一部分也是来自于这里。

2. 回过头来重新思考，自动化测试的价值到底在哪里?

谈到这个话题，我们需要先温习一下自动化测试的定义。

传统的自动化测试，通常是指测试过程被自动化。简单说就是把手工测试的用例让机器去做。

广义的自动化测试应该包括：

❑ 测试环境的搭建和管理；

❑ 测试环境的检查、监控和报警；

❑ 测试代码的静态检查、编译和构建；

❑ 测试场景的构造，测试数据的自动化准备；

❑ 测试用例的分发和执行；

❑ 测试结果的保存与管理；

❑ 测试报告的生成；

❑ 测试优先级的建议。

从自动化测试的类型上，可划分为：

❑ 单元测试；

❑ 代码静态检查，文件检查，签名校验，证书检查；

❑ 接口自动化测试，又分本地接口测试和服务接口测试；

❑ UI 自动化测试（包括 Web UI，Windows/ 手机 /Pad/ 智能硬件等终端 UI）；

❑ 性能测试（本地性能测试和服务性能测试）。

在项目测试的实战中，这里所有的广义自动化类型和内容都有可能被使用到，并且被使用时的场景都是不一样的。例如 UI 自动化帮助我们回归；静态检查、接口测试、性能自动化测试，做到了人工测试无法测试到的场景；所有这些自动化测试都有可能在开发人员还没有移交给测试人员的时候，就开始介入到测试工作中去，提早发现问题。

好的自动化测试不能仅仅考虑时间和资源成本的节省收益；好的自动化测试应该能带来迭代周期的缩短，从而缩短项目周期；好的自动化测试应该能让某些时候变不能做为能做，进而带来的机会收益是巨大的。

总结一下自动化测试可能的价值：

1）帮助回归、节省人力。

2）构建人工测试无法构建的场景、数据准备，或执行一些人工测试做不到的测试用例，有效提升测试覆盖率。

3）前置测试，让测试和开发有可能并行，提升项目敏捷度，降低测试独占周期。

3. 找到方向

但是，不管自动化测试有多大的价值，从本质上来说，它只不过是按照人工设置的场景按部就班地去执行，说白了是执行工具而已。所以，着急补齐的并不是自动化测试，而是如何缩减回归测试的范围，如何让不能做的测试变得能测，进而再考虑如何让自动化测试发挥最大价值。

测试独占周期是指从开发正式将版本、迭代、需求移交给测试开始，到版本达到待发布状态的时间长度，这个周期内包括测试活动，也包括开发活动（如修改测试出来的 Bug，开发一些临时变更或新增的需求等）。

测试覆盖率传统上是指测试执行的用例总数除以所有测试用例总数，本书提到的"测试覆盖率"，区别于"传统测试覆盖率"，是指测试执行的用例总数 / 需要真正被执行的测试用例总数；区别在于分母并不包含因为"担心影响到""害怕有问题"从而执行的大量低价值回归测试用例。

测试业界对**测试用例**的叫法可能存在不同，有些公司可能会称之为"测试案例"，或"案例"，这里统一称为"测试用例"，含义为测试执行的最小颗粒度，适用于手工测试和自动化测试。自动化测试的代码则称为"自动化测试脚本"或"自动化脚本"。

测试员之路在何方

一家节奏非常快的互联网企业，测试经理在逐个面试来应聘的候选人：

测试经理："我们公司的交付速度非常快，每个版本需求虽然不多，但只有几个小时或 1 天的时间测试，如果你来承担这个工作，你会怎么做？"

A："假如我很精通业务，了解需求，我会很有经验，知道这些需求大概会需要测试什么，所以我通常测试得很快"；

B："我会要求开发哥跟我讲清楚，我需要测试什么，开发哥给我的测试建议非常重要，我根据建议，认真仔细地去测试，就能保质保量"；

C："站在用户的角度去测试好了，我们抓准用户的需求，做好需求分析，就能更轻松地去测试"；

D："其实测试没有那么复杂，就是一个鼠标点点，眼睛瞄瞄的工作而已"；

……

无论你是面试官还是被面试者，这样的问题都很常见。测试从业者在工作多年后，或多或少都会有职业困惑：

我是不是选错行业了？如果我当初选择做开发者，做产品经理，是不是现在会拿到更高的薪酬，获得更大的职业成功？

测试人员的未来和发展是什么？除了在管理职位上晋升到主管、经理、总监（好像也到头了），难道只能转项目经理、产品经理、产品运营，甚至是商务？（回音：还是选错行了……选错行了……错了……）

我们首先来问自己一个问题："你为什么要选择做测试。"

估计抓十个人来回答这个问题，九个不会说实话。什么"我热衷于发现 bug 的乐趣"，"我的性格比较细心、耐心，适合做测试这个行业"，"测试能够让我开阔眼界"，等等。很多面试官在听到这个答案时，都是"会心一笑"，因为"你懂的"。真正的答案只有一个，测试的门槛看似比较低。不管你是否愿意承认，这的确是绝大部分人入测试者这一行的真正原因。

从大多数公司的发展过程来看，测试团队的发展也会大致经历以下 4 个阶段：

阶段一：公司刚起步，产品初创，需要先把东西做出来获得市场的初步验证，或获得投资人的认可。这个阶段往往还不需要测试人员，即使有也是个把人。

阶段二：公司开始快速扩张，不计研发成本，每天都在不断地招聘测试人员。

阶段三：经过快速扩张后，开始稳定运作，成本开始被考虑。技术部思考如何适度控制成本，如果少量裁员，最先考虑的往往是测试人员。

阶段四：开始严格控制各个环节的成本，老板们开始考虑把测试工作往上游转移。此时大量的新词汇开始进入测试人员的 KPI 中，例如推动单元测试、开发自测、控制递交测试质量、降低测试独占周期、提升敏捷度，等等。那如何将测试的工作往上游转移呢?

入门容易精通难，这是测试行业现状。从测试行业的从业人员分布来看，绝大部分是黑盒测试人员（以手工功能测试为主），少部分是测试分析人员、自动化测试人员、性能测试人员，只有极少部分的测试架构师、测试分析专家，如图 1-1 所示。

图 1-1　测试行业的从业人员分布图

从一个职业发展的角度，衡量职业核心竞争力有多强，最重要的不是我做了多少年，而是我的工作是否可被轻易取代。所以如果有一天测试行业出现危机，首当其冲的就是金字塔底端的黑盒测试人员。实际上在许多互联网巨头公司中，这个情况已经开始发生了，这部分的人员已经开始被缩减，或被外包取代。

谈到这里，我们再来问自己一个问题，我们的核心竞争力在哪里？

有些人说，我比开发人员精通业务，我善于从用户的视角出发去考虑业务。但最精通业务的不应该是产品经理、产品运营、市场研究人员吗？这好像不算是测试的核心竞争力。

还有些人说，我比公司的业务方更懂技术。这听起来有一些道理，但实际上并不一定成立。要知道开发人员进行需求开发之前，也需要深入了解业务逻辑。的确有很多开发人员在这方面做得不够好，但我们的核心竞争力不应该建立在其他岗位做得很不足的基础上。

有些人说，从技能上来说，我和开发人员相比似乎没有什么太大优势；但在思想上，我才拥有测试思维，这是开发人员不具备的。开发人员来做测试不是能力问题，而是思想问题，这是最难以改变的。这一点听起来似乎的确很有优势。但我们测试人员中，开发技能最好的那一批去哪里了？很多情况下，他们都转去做开发了，并且比一般的开发人员做得更好，也很注重自己的代码质量，测试这些人提交的内容，你几乎很难发现 bug。

那么，亲爱的读者，你的核心竞争力会在哪里呢？

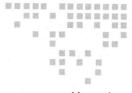

第 2 章 Chapter 2

易筋经和独孤九剑

第 1 节　启 动 探 索

　　莎姐带领大家重新审视了自动化的定位，明确了下一步敏捷的方向之后，又专门开了一次沙龙，和大家一起探讨如何在保证质量的前提下，缩减回归测试的范围。

　　沙龙会上大家畅所欲言，各位有经验的前辈纷纷出谋划策，想了不少方法，比如让开发自测、产品走查、灰盒测试等；但同时又提到了很多现实的困境，比如开发自测很难推动、测试没有代码权限很难有话语权等。经过几轮难点和方法的聚焦，一个最有可能但难度最大的事情逐渐浮出水面，那就是代码分析。大部分人对此持观望态度，称现有业务测试压力太大，代码分析又要投入更多精力，且不知道对测试范围缩减的贡献有多大，很难兼顾质量和时间要求。莎姐看了大家一圈，并没有表态，只是总结发言说这次沙龙开得非常成功，看到了大家的问题，也看到一些解决方案，接下来会认真研究并推动落地核心方案。

　　莎姐不愧是 leader，接下来居然很快为大家解决了代码权限的问题，并在组内开始创建代码分析的文化氛围。事后听人传言，莎姐为此和 GM 们 PK 了半天，带上技术很牛的陈导一起阐述利弊，还立了军令状，称一年内要是没有效果，就自动离职。小宇不由得对莎姐心生敬佩，同时对代码分析这件事情重视起来。

莎姐在例会时和大家说，代码权限大家已经有了，探索的方向已经清晰，就是走代码分析来缩减测试范围这条路，但考虑到目前还没有成功经验，所以并不会对所有业务强推，而是采取先锋队的方式，先由一两个项目摸索出成功经验，然后再推广开来。陈导作为具有丰富经验和技术能力的大牛，将会作为先锋队的导师，参与进去出谋划策。莎姐同时表示，先锋队采取自愿加入原则，需要大家在不影响原有业务支持的前提下来探索新技术、新方法，过程如需更多资源，会全力协调支持。小宇听了，虽然对为什么要分析代码不甚明白，但对莎姐的决心和支持看得很明白，心里面开始摩拳擦掌。

第2节　曙光乍现

项目仍旧以双周发布的节奏进行着，一天，莎姐走过来对小宇说：

"小宇，线上出了一个问题，有点严重，要马上发一个补丁版本出去！"

"哦，这么着急，要什么时候发？"

"两个小时后，你去找一下开发哥，对接具体情况。"

"好！"

腾小宇急忙跑去找开发哥，问清楚了情况。原来，前几天发布出去的版本在部分用户机器上出现了问题，和用户的机型有关系。

"开发哥，你这次打算怎么修这个问题？"

"我就改几行代码，加个判断，做个特殊处理。"

"明白，改好了告诉我。我这就去准备测试环境。"

回到座位上，腾小宇开始准备测试。不一会儿，开发哥跑过来说："改好了，你赶紧跑一下，没问题就发布。"

"哥，你的改动风险大不？"

"应该不大，不过为了保险，你还是把整个模块功能都回归一下吧。"

听到这话，腾小宇感觉此时心里犹如万马奔腾：莎姐要我两个小时就发出去的版本，你让我整个模块功能都回归一遍，半天时间都不够。思来想去，与其坐以待毙，不如主动出击，去分析一下开发的代码如何。

说干就干，小宇从SVN中把整个开发工程导（check out）出来，找到刚才开发哥提交的代码，一对比，别说，还真有大的发现。经过分析，开发哥就真的只加了个判断语句，细想之下，风险系数很低。于是，腾小宇满怀信心地只测试了两个用例，分别针对这个判断的 true 和 false 条件。5 分钟就结束了测试，新的版本即将通过运维人员发布上线。看到这里，小宇内心里不由得泛起一股自豪的感觉。

亲自分析开发实现，评估改动的风险，测试内容比开发要求少了太多。此时小宇感觉仿佛漆黑的夜晚点亮了一根火柴，感觉好像找到了方向。新的版本已上线，观察了一个小时以后，各项数据都正常，小宇终于踏出了公司的大门。大街上依旧灯火通明，此时小宇的内心也感觉明亮多了。

第 3 节　为什么要关注开发实现

腾小宇回到家，开始认真思考这个问题：我们为什么要关注开发实现，进行代码分析呢？

很多人都说，测试工程师应该从用户角度去分析。对，确实是这样！但是这样就足够了吗？从过去的经验来看，如果我们不了解开发实现，会带来几个问题：回归测试冗余，被开发哥忽悠，测试起来像是用大炮打蚊子。

腾小宇翻开一本书，里面讲解了几个概念：

白盒测试：知道产品内部工作过程，可通过测试来检测产品内部动作是否按照规格说明书的规定正常进行，按照程序内部的结构测试程序，检验程序中的每条通路是否都能按预定要求正确工作。

黑盒测试：在测试时，把程序看作一个不能打开的黑盒子，在完全不考虑程序内部结构和内部特性的情况下，检查程序功能是否能按照需求规格说明书的规定正常使用，程序是否能适当地接收输入数据而产生正确的输出信息，并且保持外部信息（如数据库或文件）的完整性。

白盒测试的优势在于对程序内部实现的了解，黑盒测试的优势在于对用户场景的把握。那有没有可能把这两者结合起来呢？既从用户角度出发，又关注程序的内部实现。

思考到这里，小宇觉得这个问题越来越有趣了，不由得兴奋起来。测试是一种破坏性的活动，归根结底，是基于不信任的一种挖掘和验证工作。对产品需求和产品设计，对开发的系统设计和代码实现，都是不能简单地信任的。不然，哼哼，分分钟被"坑"没商量。

　　不入虎穴焉得虎子，只有去了解开发者的实现，才有可能赢得这场战争。而关注开发实现，不就是要让测试变得更精准一点吗？

　　想到这里，腾小宇对莎姐的远见充满了钦佩，隐隐觉得似乎得到了一本秘籍，他要带着这个想法去找陈导好好探讨一下。

第 4 节　测试分析理论的由来

第二天吃过午饭，腾小宇急急忙忙找到了陈导。

"陈导，我这两天有一些想法，对咱们的敏捷测试应该有一些作用。"

"哦，不错，说来听听。"

"我想找一种结合白盒测试和黑盒测试的方法，目前想到的是通过分析开发的代码来测试。"

"咦，这个想法正合我意，说来听听。"

"白盒测试的核心思想是程序逻辑。"说到这里，腾小宇兴奋地找了支笔，在白板上画了起来。如图 2-1 所示。

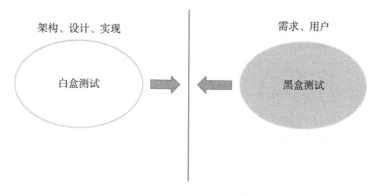

图 2-1　白盒测试与黑盒测试的核心思想

陈导不愧是江湖上混了多年的老司机，一眼就看懂了，他接过话题，开始引导起来："传统的黑盒测试方法主要有等价类、边界值、场景分析、因果图、判定表、错误推测、正交实验设计、功能图。"

温习完黑盒测试的分析法，腾小宇突然觉得有点打完杨氏太极拳八式的感觉：倒卷肱，搂膝拗步，野马分鬃，云手……十字手。轻松自如，均匀缓慢，若行云流水，连绵不断。细细一品味，还有修身养性的效果。

陈导继续说道："黑盒测试分析方法在传统测试中非常实用，对功能相对复杂的大型产品，这简单的八招，能快速解除测试人员面临功能场景或条件穷举的尴尬处境，可谓借力打力。但弱点也很明显，从无数项目的实践经验来看，黑盒分析符合二八原则，能挖掘出 80% 左右的 bug，剩下的 20% 一半靠运气，另外一半就有些力不从心了；而且一旦对手招式过快，更显得有些应接不暇，顾此失彼了。"

腾小宇听得头头是道，不住地点头。

我们再来看看白盒测试方法：

- 语句覆盖：程序中每一条语句至少被执行一次。
- 分支覆盖或判断覆盖：程序中的每一个分支至少走查一次，即每一条分支语句的真值执行一次，假值也执行一次。
- 条件覆盖：当判定式中含有多个条件时，要求每个条件的取值均得到检验。
- 判断 / 条件覆盖：同时考虑条件的组合及判定结果的检验。
- 路径覆盖：使程序沿所有可能的路径执行。

"小宇，你听了这些对比分析，有什么感受？如果说黑盒测试方法，感觉有太极的浑厚踏实，那么白盒测试方法，我觉得有打开葵花宝典的感觉。"

"白盒测试实际能做起来吗？"腾小宇不由地冒出一句。

"这个问题问得好！且不说在'灵活地应用敏捷后'，以'快'为宗旨的今天各种交付场景，就连早些年过 CMMI 4 的传统软件公司，恐怕也没做多少单元测试；即使是做了单元测试，大部分开发哥可能也就匆匆走了几个正常路径的走查来敷衍了事。如此看来，要按照这些书中的方法去做好白盒级别的测试，真是欲练此功、必先自宫。"

"那怎么办呢？我们既要提升测试覆盖率，又要快，难道……大侠且慢！剑下留……即使重压之下，我们也不能做林平之，更不能做岳不群。"

"你的想法很好，我很欣赏，一定有某种新的分析方法，它既能取黑盒测试方法的厚重，又能真正化繁为简。这种方法就是我们要说的测试分析（也叫'测分'）：建立在对需求本身及对应的系统架构和实现细节的充分了解的基础上，通过对数据流、状态变化、逻辑时序、功能 / 性能 / 兼容性等方面进行分析，得出详细的测试关注点的过程。"

"敏捷开发模式下，唯一不变的是变化。而测试分析是道，它帮助我们快速地分析出应该测试什么，不应该测试什么。"陈导接着说道。

"陈导，真是太服你了！你这个'道'的比喻太形象了。我读了这么多的武侠书，你知道它最像哪一门武功吗？"

"哪一门？"

"易筋经！我觉得测试分析像是内功的修为，讲究个人能力。"

"对哦！那咱们进一步想一下，测试分析到底应该包含些什么呢？"

在接下来的一个月中，腾小宇和陈导白天忙着项目中的测试，晚上就在一起探讨测试分析。终于，他们弄出了一篇文档，叫做"全面认识测试分析"。下面摘录一下这篇文档。

全面认识测试分析

1. 基于需求的测试分析

这是最传统也是最经典的一种测试分析方法。分析对象是需求规格说明书（俗一点，此后就叫"需求"），即对需求进行分解，考虑需求本身，以及需求所影响的功能模块，从而得到测试范围。

分析的基础：

❑ 对业务的熟悉。

❑ 对用户使用场景的了解。

❑ 产品功能矩阵。

分析的方法：

❑ 业务流程分析：描述业务的正向流程。

❑ 业务状态分析：描述业务对象的状态转换。

❑ 测试范围分析：需求本身的功能模块 / 受影响的功能模块。

对于这个方法，有经验的人可以对需求本身的功能模块做到很准确的分析，但是对于受影响的功能模块，如果不了解开发的实现，则很难界定准确。

2. 基于开发实现的测试分析

需要厘清两个方面的问题：厘清用户 / 需求价值方向、厘清架构 / 实现的细节。

（1）厘清用户 / 需求价值方向

重点解释一下这一点：这一点要求分析者对于需求要解决什么问题有清晰的认识，我们做的都是商业软件，每个需求应该都是为了解决商业目标上的某个问题。有人可能会问：那不应该放在基于需求的测分（测试分析）里面吗？答案是这样的：大家都知道测试是无穷尽的，如何在有限的时间内做最优的测试，需要平衡取舍（例如，支付类的应用安全是第一位的，通信类的应用性能是第一位的）。这就要求我们充分把握需求的价值方向，在测试策略和测试关注点方面做出正确的判断。

（2）厘清架构 / 实现的细节

万变不离其宗，所有的需求经过理解转化为代码，代码的实现架构、实现的细节就是产品上面的体现。测试在理解架构的实现之后编写的代码可以在测试策略与关注点上更加专一，在输入产出比上会大大的提升，转为测试效率与质量上的提升。当我们看清楚里面具体执行的逻辑，进行的操作，测试路径可以采用穷举路径测试来规避风险，提升我们的质量跟效率，甚至在架构上的不合理也可提出建议，做好迭代的基础。

分析测试关注点（界定内容、影响点）包含如下内容。

功能测试详细分析：

❑ 涉及模块（文件）

❑ 模块交互时序

❑ 接口 / 类 / 函数设计

❑ 实现细节

性能测试详细分析：

❑ 基于系统资源的性能测试分析
  ○ 性能测试相关点
  ○ 开发相关实现细节
  ○ 关键指标
  ○ 性能测试场景设计（或已有的相关测试用例）
  ○ 性能测试脚本设计
❑ 基于响应时间的性能测试分析

接口测试分析：

❑ 针对本次功能需求，是否具备可测接口，需要描述清楚为什么要测以及测哪些
  ○ 接口测试覆盖的接口定义描述
  ○ 接口内部实现的相关逻辑细节
  ○ 接口测试涉及的实现方案
❑ 针对本次功能需求，是否有接口变更，分析变更影响范围及测试内容
  ○ 变更接口修改实现的相关逻辑细节
  ○ 变更接口（函数）对模块内功能影响分析
  ○ 变更接口（函数）对模块外功能影响分析

稳定性测试分析：

❑ 稳定性测试场景设计（用例）
❑ 稳定性测试脚本设计

兼容性测试分析：

❑ 兼容性测试相关点
❑ 开发相关实现细节
❑ 兼容性场景设计、测试环境说明（实验室或众测）

第 5 节　测试分析小试牛刀

腾小宇和陈导给大家做了一次分享"全面认识测试分析"，大家听完后都拍手叫好。

"咱们什么时候试着用一下测试分析吧。"小宇给陈导提议。

"我看可以有！下周 6.2 迭代开始了，可以挑一两个需求试试。"陈导满怀信心地回答。

在陈导的鼓励下，小宇挑了一个需求，这是个技术需求，对包月付费模块进行重构。顺着测试分析的思路，小宇根据需求和交互，首先画出了业务的状态图。然后找到了开发哥，在开发哥的帮助下，他搞明白了以前这一块代码的架构设计和实现。更重要的是，他借此弄懂了新的重构要怎么实现。

比较有意思的是这次重构要解决付费模块的设计问题，以前的付费逻辑被很多地方用，并且这些地方有一些自己的逻辑，导致代码里面的 if-else 很多。重构以后，核心的付费逻辑被抽离出来，业务自定义的逻辑都在自己内部。这一次，小宇分析完以后，得出的测试策略是：核心付费逻辑只测一个地方即可，其他调用的地方，重点测它们自己的特殊逻辑，而不用每一处都详细地测试。

小宇兴奋地把这个想法告诉了陈导，陈导听完，觉得确实不错。他同时还帮小宇更正了几处忽略的地方。

"看来姜还是老的辣啊！"小宇感叹道。

"小宇，这次是个技术需求，下回你挑一个产品需求试一下。"陈导继续鼓励道。

第 6 节　从全面测试覆盖到追求不测

到此为止，腾小宇和陈导觉得一种新的测试方法呼之欲出，那就是**精准测试**。

如果遵循精准测试分析的思想，会得到什么结果呢？在这里可以对比一下传统的测试。传统测试强调对原有系统的全面覆盖，而不考虑系统是否真的受影响。精准测试分析通过关注开发实现，从代码层面确定测试范围。根据代码质量的好坏，测试范围也在变化，最好的一种情况就是，如果分析后发现风险几乎为零，测试其实可以不做。

让我们再重现一下这个熟悉的场景：

开发哥："刚修复了一个紧急用户反馈，安排测试测一下吧。"

测试姐："改了哪些地方？对哪些功能有影响？"

开发哥："改了好些地方，为了保险，把基本功能都测一下吧。"

测试姐："哥，你的话怎么这么不靠谱！我做过测试分析了，代码只改动了两行，只需测一个点就行了，半个小时后出结果！"

这相当于从被动的状态变成主动的状态，从全面用例测试到通过测试分析判断修改的代码，得出测试范围，使得测试的时间与效率都有很大的提升。

第7节　气宗与剑宗的首次握手言欢

几天后，腾小宇和陈导展开了另一场对话：

"小宇，你觉得测试分析像易筋经，那你觉得精准测试像什么呢？"

"这个？？精准测试强调快速适用，灵活多变，更像是练剑术。"

"等等，原来是这样！！"

"陈导，你兴奋啥呢？"

"你想，易筋经代表气宗，精准测试像剑宗，这不正是气宗和剑宗的关系吗？"

"啊……果然是，你这么一说倒是提醒了我！在咱们的这个方法里面，气宗和剑宗是合二为一的，说明这是历史上的首次握手！"

"哈哈，确实是！"

"那么，要不要给精准测试的方法来个高大上一点的名字呢？比如叫做什么剑之类的？"

"想想……"

"独孤九剑啊！"

剑宗以练剑为主，练气为辅；气宗以练气为主，练剑为辅。两者相比：剑宗成长快但后继无力；气宗成长慢但后劲十足。这是表面上的表现，实际上两宗都是剑气兼修。通俗讲就是，剑宗是前期英雄，而气宗则是后期英雄。它们没有谁放弃剑、气中的任何一个。剑气相辅相成，两宗到后面都是以气御剑，否则难成大器。如果说两宗都走极端（只练剑或者只练气），那么前期剑宗就会将气宗杀得哀鸿遍野，但要是有一个气宗子弟练成，那就是剑宗的悲剧了。

精准测试第一式：差异化

第 1 节　万事开头难

"精准测试已正式命名为独孤九剑，那接下来该如何入手呢"，腾小宇一边冥思苦想，一边自言自语。

这个时候 leader 莎姐从旁边经过，看到腾小宇若有所思的样子，关切地问："怎么了小宇，有什么问题吗?"

"最近和陈导聊到了精准测试，和传统测试不同的是，精准测试强调快速适用，灵活多变，更像是练剑术，所以我们将其命名为独孤九剑，但是却不知从何入手，莎姐有什么建议?"

"idea 很好，既然是独孤九剑，那应该有很多招式，可以提炼出不同的招式来应对我们平常在版本测试中遇到的各种问题，比如冗余测试太多，等等。这样吧，既然你和陈导在代码分析上已经有一些思路和想法了，我觉得先锋队员非你们莫属，你还可以考虑成立一个虚拟项目，招募几个成员，大家一起集思广益，项目化运作事半功倍。"

"对呀，项目化运作起来，只是项目化运作没什么经验，还需要莎姐多多指导。"小宇恳切地说。

"没问题，你们成立专项项目后，我肯定会定期 review 你们的目标和进展。"莎姐说。

于是，在莎姐的建议和牵线下，小宇很快成立了一个项目团队，不多，就 3 个人，小宇、陈导、测开组的大牛彪哥。

3 人迅速在茶水间碰头，小宇提议："咱们的项目成立了，万事开头难，今天大家一起来想想咱们精准测试的第一步，核心是做什么？"

"作为测试人员，需要明确被测对象，传统的测试通常会进行大范围回归测试，测试范围太广，而精准测试需要指哪打哪，所以需要关注开发实现，从代码层面明确测试范围。"陈导先开了个头，果然姜是老的辣。

"那就需要寻找测试对象的差异咯。"大牛彪哥开口了。

"good，差异这个点非常好，感觉咱们做的所有事情，都是在寻找最小的精准测试对象。"腾小宇兴奋地叫起来。咱们的第一式，就叫差异化，如何？"众人表示认同。

这天，第一式正式命名——差异化！

晚上回到城中村的小屋，小宇没有像往常一样去楼下吃夜宵和刷步数。

对于精准测试这个项目，腾小宇越想越兴奋，于是急不可待地开始梳理第一招——差异化招式的来龙去脉。

第 2 节　从最小对象入手

夜深人静，为了防止自己瞌睡，小宇给自己倒了一杯速溶咖啡，伴着浓浓的咖啡香，差异化分析的思路慢慢展开。随着互联网市场、用户行为习惯和思维方式的变化，用户的需求是一直在变化的，尤其是 C 端的用户，个体和个体之间的差异会比较大。产品经理会感到有点像"女孩的心思你别猜"了，所以聪明的项目经理们想出了一种办法，叫做迭代。迭代带来的最大的好处就是，产品分成小块，做一部分让用户体验一部分，快速交付，及时验证，避免因为方向错误，做太多无用功。

对于测试来说，我们就要去分析迭代和迭代之间，我们的测试对象是什么？

提到测试对象，我们先重温一下这个概念：**测试对象**是指测试的源程序、目标程序、数据和相关文档。

毫无疑问，我们在任何场景下都要确保整个产品的质量。在敏捷测试中，我们要快，所以需要找到最小的测试对象——这就是精准测试对象，包括：迭代之间的差异部分、及差异部分所影响的其他功能。

传统测试鼓励在每一次软件特性变化都尽可能地测试全面的用例场景；我们则希望测的更少，保障的更多。

那么问题来了，什么是迭代之间的差异部分？

不难分析，影响产品质量的差异来自于两部分，需求的差异和开发技术实现上的差异。下面我们分别来详细说明如何去理解需求的差异，以及技术实现上的差异，它们有什么侧重点。

第 3 节 需 求 差 异

小宇毕业一年多来，见过不少大大小小的需求，对于需求的差异理解比较透彻了。需求的差异是比较容易理解的，但即使如此，要理清需求的具体差异，并非十分容易。产品的迭代过程中，有一些是功能新增或删减，有一些是功能的优化。不管是哪一种变化，站在测试人员的角度，我们都希望能够清晰地分析出来这种差异及差异产生后，会影响原有的什么功能。那我们如何来分析？

下面介绍一些实用分析方法。

功能流图：一种使用图形的方式表示功能与功能之间的关系，以及功能走向关系。这种流程图的好处是"千言万语不如一张图"，所有逻辑和需求非常形象直观、一目了然地表达出来。那这种流程图对我们的差异化分析有什么用呢？

我们来看下面的一个具体的例子，图 3-1 是一个订单管理系统的功能流程图。

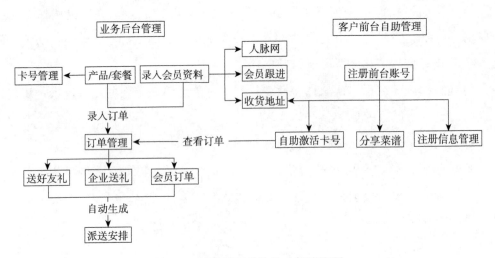

图 3-1 订单管理系统的功能流程图

通过这个图，我们可以非常简单地分析出来功能之间的影响关系。例如，自主激活卡号这个模块如果产生功能逻辑变化，它可能会向前影响到注册前台账号模块，向后直接影响到订单管理模块，间接影响到送好友礼、企业送礼、会员订单、派遣安排等模块，但不会影响到分享菜谱、人脉网等模块。

数据流向图（DFD）：从数据传递和加工的角度，以图形方式来表达系统的逻辑功能、数据在系统内部的逻辑流向和逻辑变换过程。

这种分析方法对测试人员的好处是，通过图形化分析，能非常清晰地判断数据内容变化对后续数据及相关功能的影响关系，如图 3-2 所示。

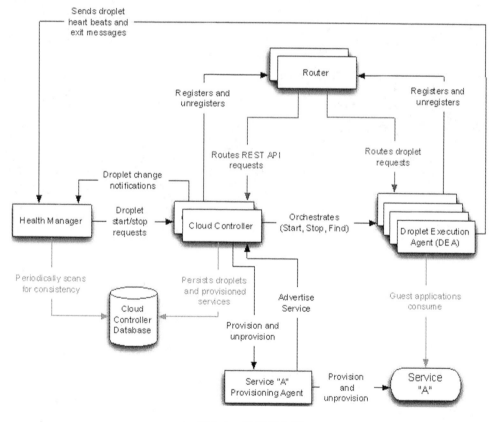

图 3-2　数据流向图

状态变迁图（STD）：指明外部事件的结果系统将如何动作。

对测试的意义是，当我们在产品中重定义某个状态时，便于分析出发生差异的状态处在什么样的位置，对其他状态的影响是什么。图 3-3 是状态变迁图的一个具体的例子（财务对账状态）。

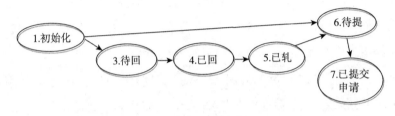

图 3-3　财务对账状态变迁图

第 4 节　技术实现差异

不知不觉，一杯咖啡喝完了，小宇越来越精神，毫无困意，梳理工作根本停不下来，那就继续吧。需求的差异分析可以帮助我们了解清楚两个迭代之间在产品功能、数据、状态变化上存在什么样的差异。这种差异是产品现象级的差异，但在产品开发过程中，迭代差异需求带来的实际影响远不只这些。开发人员修改不同的模块和源码，不同的实现方式，都会在技术层面影响到其他看起来可能不相关的功能。比如开发框架的变更、修改一些多模块调用的公共代码、应用架构的重构、数据库结构的变化等等。

对测试人员来说，面对技术实现的变化，不仅仅容易一头雾水那么简单。大部分测试人员在日常的工作中，实际参与编码的机会和时间都不多。就算看得懂代码，但国内测试开发人力比的现状最乐观的是 1:3，最匮乏的可能会到 1:10 甚至以上。测试人员有心也无力啊。

那是不是我们已经没有办法了呢？

马克（火星救援男主角）在火星上都能独自生存五百多天，我们岂能如此轻易放弃。下面我们通过两个方向进行分析，并采用了一系列方法。

1. 系统设计上的差异

首先，我们可以从系统设计上理解技术实现上的差异，如系统应用架构设计的差异。当我们搞清楚应用系统的架构关系后，自然也可以比较容易地知道局部发生变化时，对整体产品架构会产生什么样的影响。

例如，图 3-4 是一个对账系统的应用系统架构。观察这个系统架构，例如"账单核心"系统发生变更时，就会影响所有的外围系统。而如果是"产品层"发生变更，实际上只需要关注它和"账单核心"系统的交互是否还能正常进行即可。

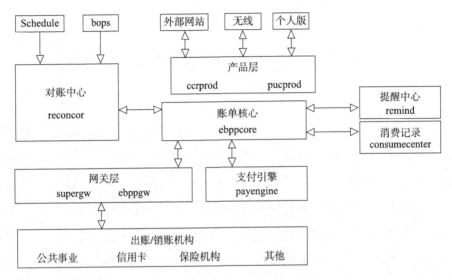

图 3-4 对账系统的应用系统架构图

差异分析是要从系统整体的架构图中去定位局部架构变化差异究竟是在什么地方。

看到这里，各位测试人员难免心里又犯嘀咕了，很多迭代的变化可能没有那么大，不会新建一个系统，可能只是系统内局部的逻辑发生变化或系统间的某个接口逻辑发生变化。那又该如何去分析呢？

对单个模块的实现细节，我们也要有逐步去分析差异的能力。通常时序图是比较好用的一种方法。

时序图（Sequence Diagram）：亦称为序列图、循序图、顺序图等，是一种 UML 交互图。它通过描述对象之间发送消息的时间顺序显示多个对象之间的动态协作关系。

时序图中包括如下元素：活动者、对象、生命线、控制焦点和消息。图 3-5 是一个实际的例子，是前一个例子"对账中心"时序图。

这个时序图清晰地描述了对账流水拉取的接口是如何在各个系统间进行交互

的。如果某个迭代或需求变化时，将分页拉取改为单次全部拉取，那么我们就可以清晰地分析出这个差异部分是在时序图中的右半侧，影响的是 bizrecon 系统和 ccrprod 系统，对步骤 1 和 schedule 系统则没有任何影响。

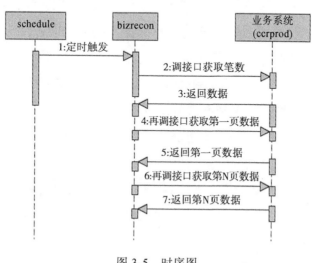

图 3-5　时序图

2. 工程上的差异

我们还可以从工程上去分析技术实现上的差异：如代码、文件。代码的差异很容易理解，即两个迭代间的代码存在哪些增删改。文件的差异主要是指编译后的文件差异。那为什么工程上既需要分析代码的差异，又需要分析文件的差异呢？

在产品线中，代码编码一般是指产品开发团队自己维护高级语言源码，开发人员实现功能代码后，由编译器编译成可执行文件。编译器在编译时，有两种因素会影响到实际编译的结果，一是工程引用了第三方的代码库；二是编译时配置了不同的编译参数、包括各种编译开关。这两种都有可能实际影响最终编译出来的文件，最终影响功能或性能。

3. 实用分析方法

SVN-diff：代码管理工具 SVN，自带了版本对比命令，可以对比任何两个

SVN 文件或版本，标识出具体的差异化源码。此外，一些开源的工具，如 commit-monitor，也能实时的监控 SVN 的递交并对比递交前后的差异。

文件对比方法：编译后的文件对比是相对比较困难的，即使是完全相同的源码，两次编译的结果，我们也很难直接确定它们是否存在差异。

要真正对比两个编译后文件是否一致，基于反汇编的基本块跳转关系的二进制对比，是比较准确的一种二进制对比技术。

"要是能重来我要选李白几百年前做的好坏没那么多人猜……"，熟悉的手机铃声打断了小宇的思路，房东来电话了。

"喂，小宇，你还没睡吧？"同时那边传来房东打麻将的嘈杂声。

"哦，还没有，怎么了？"

"嗨，没别的事儿，就是这一年租期又快过去了，你还续约吗？"

"哦，是啊，我都忘了，时间真快，我续约吧，多谢您的提醒哈。"

"好，那有件事得跟你说下，这个房租……"

"是要涨房租吗？"还没等房东说完，小宇就脱口而出，"涨多少？"

"加一半。"

"额，涨太多了吧，能便宜些吗？"小宇一脸的吃惊，这太坑了吧，一两百还可以接受，一下子百分之五十，抢钱啊。

"市场都这个价，你要是嫌贵，就考虑别家吧！"房东回复的斩钉截铁。

"额……好，哥不租了！"说完就挂了电话，小宇决定尽快找下家，搬家！

第 5 节　最佳实践

搬家的匆忙凌乱略过不表，且说小宇在研究透技术实现差异方法之后，就和彪哥分工合作，彪哥主导二进制文件差异技术实现，小宇则根据业务流程对差异落地提出方案。经过一段长时间的实践摸索之后，终于探索出了一个最佳的实践方案。陈导鼓励大家及时把过程成果总结沉淀下来，于是彪哥发了一篇分享文章，标题就是"自动分析二进制文件差异化"，下面是整个文章的详情。

1. 基本概念

IDA pro 用于逆向的工具，集成了很多强大的功能，提供了脚本与插件让开发者进行功能上的扩展，IDA 实现了一套很完善的解析 PE/ELF 格式文件的 C/C++ 接口。

为了大致了解本算法中的含义，需要在这里先介绍一些反汇编中的基本概念。反汇编中的函数包含以下信息：

- 基本块
  - 普通指令（move、add、sub、push 等指令）
  - 子函数调用（call 指令）
- 跳转边
  - 条件跳转
  - 非条件跳转（jump）

2. 基本块

基本块是一条或者数条指令的组合，它拥有唯一一个指向块起始位置的入口点和唯一一个指向块结束位置的退出点。一般来说，除最后一条指令外，基本块中的每条指令都将控制权交接给它后面的"继任"指令。同样，除第一条指令外，基本块中的每条指令都从它"前任"指令那里接收控制权，图3-6就是一个基本块的截图。

基本块划分的过程步骤如下：

1）确定基本块的入口语句：a）程序的第一个语句。b）条件跳转语句或者无条件跳转语句的转移目标语句。c）紧跟在条件跳转语句后的语句。

2）构造每一个入口语句的基本块。它由该入口语句到下一个入口语句（不包括下一个入口语句），或到一个转移语句（包括该转移语句），或到一个停语句（包括该停语句）之间的语句组成。

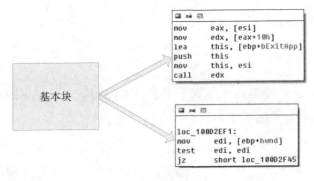

图 3-6   基本块示例

跳转边是基本块之间的关系。汇编语言中通过条件或者非条件跳转指令跳到一个指定的地址继续执行指令，非条件跳转指令为 jump，条件跳转指令有很多，包括 JZ、JE、JNZ、JS，等等，根据基本块的尾指令，可以将基本块分为以下 3 种类型：

1）1 路基本块：块尾指令是一个无条件跳转指令，基本块有一个出口。

2）2 路基本块：块尾指令是一个条件跳转指令，基本块有两个出口。

3）返回基本块：块尾指令为函数的返回指令或程序结束指令，基本块没有出口。通过判断每个基本块的类型，就可以分析出它们之间的关系，即可以计算出每一个基本块的前继与后继集合，上述的边跳转关系在 IDA SDK 中均有对应的 C/C++ 接口提供。跳转边（基本块之间的关系）如图 3-7 描述。

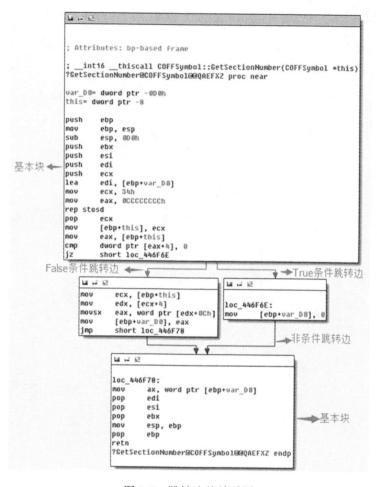

```
; Attributes: bp-based frame

; __int16 __thiscall COFFSymbol::GetSectionNumber(COFFSymbol *this)
?GetSectionNumber@COFFSymbol@@QAEFXZ proc near

var_D0= dword ptr -0D0h
this= dword ptr -8

push      ebp
mov       ebp, esp
sub       esp, 0D0h
push      ebx
push      esi
push      edi
push      ecx
lea       edi, [ebp+var_D0]
mov       ecx, 34h
mov       eax, 0CCCCCCCCh
rep stosd
pop       ecx
mov       [ebp+this], ecx
mov       eax, [ebp+this]
cmp       dword ptr [eax+4], 0
jz        short loc_446F6E
```

基本块

False条件跳转边　　　　　　　　　　　　　　　　　　　　True条件跳转边

```
mov       ecx, [ebp+this]
mov       edx, [ecx+4]
movsx     eax, word ptr [edx+0Ch]
mov       [ebp+var_D0], eax
jmp       short loc_446F78
```

```
loc_446F6E:
mov       [ebp+var_D0], 0
```

非条件跳转边

```
loc_446F78:
mov       ax, word ptr [ebp+var_D0]
pop       edi
pop       esi
pop       ebx
mov       esp, ebp
pop       ebp
retn
?GetSectionNumber@COFFSymbol@@QAEFXZ endp
```

基本块

图 3-7　跳转边的关系图

函数与基本块：每一个函数都包含一个或多个基本块，它们之间是一对多的关系，可以把函数想象成一个容器，存储着基本块的内容（指令）。

基本块与跳转边：跳转边建立了基本块之间的映射关系，两个基本块之间是否存在关联就是靠跳转边维护的，在 IDA 中提供了判断一个指令是否是跳转指令的接口，进而可以判断在两个基本块之间是否存在跳转边。

3. **算法概述**

对 Windows 系统中的 PE 格式的二进制可执行文件进行差异性对比技术研究，

在没有源代码的条件下分析出不同版本的二进制文件之间的差异性。

为了对二进制文件进行差异性对比分析，首先对二进制文件进行逆向的反汇编，提取二进制文件的反汇编信息，然后对反汇编信息进行基于基本块跳转关系的函数基本块跳转（控制流程图）和基于基本块签名比对以计算函数的差异性。上述算法总体上包括几个部分来计算函数的相似度，提取二进制文件反汇编信息，函数基本块跳转（控制流程图）比对，函数基本块签名，如图 3-8 所示。

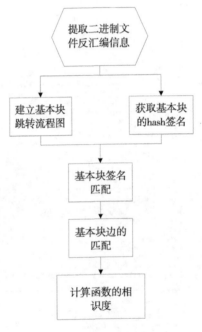

图 3-8　计算函数的相似度

4. 提取二进制文件逆向反汇编信息

基于二进制的版本差异性检测虽然以二进制文件为检测分析对象，但是直接在二进制码上进行分析检测显然是不现实的，必须将二进制机器码转变成对人而言更加友好的形式才能更好地加以分析。在本算法中使用 IDA pro 逆向反汇编工具，在其基础上对输入的二进制可执行程序进行反汇编，并利用 IDA 提供的 SDK 接口（此 SDK 对 PE 格式中的数据的解析提供了很完善的 C/C++ 接口）开发的插件获取函数基本信息表、基本块 hash 签名信息表、基本块跳转关系表等信息。二进制文件经过反汇编后，可执行文件会按区块划分为多个子函数。对子函数进行对比从而判断两个不同版本的差异性。

经过反汇编信息提取，二进制文件转变为一系列的函数基本块跳转流程图。每一个函数对应一个基本块跳转流程图，图中每一个节点对应函数中的基本块，节点之间的联系对应基本块的跳转关系。传统的二进制分析算法往往只针对基本块进行比较而忽略基本块之间的跳转关系。事实上，单个基本块的信息量非常少，而且单纯的对比基本块很容易因为编译器优化的原因而误判。整个对比过程分为三个部分：建立基本块跳转流程图矩阵、基本块 hash 签名匹配和基本块边匹配。

（1）建立基本块跳转控制流程图邻接矩阵

这一步的目的是将函数内部基本块之间虚的跳转关系转化为实际的数据，使用邻接矩阵来记录基本块之间的跳转关系。所谓邻接矩阵就是根据函数内部的基本块而创建的矩阵，矩阵内部每一个元素代表着其横纵坐标所对应的基本块之间的跳转关系。邻接矩阵的具体建立步骤如下：

1）设有函数 fun，其内部包含有 n 个基本块，那么首先建立一个 n×n 的矩阵 Matrix(A)，并将其中所有的分量初始化为 0，即

$$\text{Matrix(fun)} = \begin{bmatrix} 0 & \cdots & 0 \\ \vdots & \ddots & \vdots \\ 0 & \cdots & 0 \end{bmatrix}_{n \times n}$$

2）递归遍历函数的基本块，假设第 i 个基本块到第 j 个基本块存在跳转关系（$0 < i <= n, 0 < j <= n, i != j$），则将矩阵 Matrix(Fun) 中第 i 行，第 j 行的元素 a_{ij} 的值置为 1，即

$$\text{fun}_{ij} = \begin{cases} 1, \text{基本块 } i \text{ 到基本块 } j \text{ 有跳转关系} \\ 0, \text{基本块 } i \text{ 到基本块 } j \text{ 无跳转关系} \end{cases}$$

递归遍历后的矩阵 Matrix(fun) 就是函数 fun 的邻接矩阵：

$$\text{Matrix(fun)} = \begin{bmatrix} 0 & a_{12} & a_{13} & a_{1n} \\ a_{21} & \ddots & & \vdots \\ \vdots & & \ddots & \vdots \\ a_{n1} & & \cdots & \vdots \end{bmatrix}_{n \times n}$$

如图 3-9 是函数建立的矩阵过程。

邻接矩阵很好地反映了函数中基本块之间的跳转关系，可以根据矩阵中的分量来判断函数中任意 2 个基本块之间是否存在跳转关系。

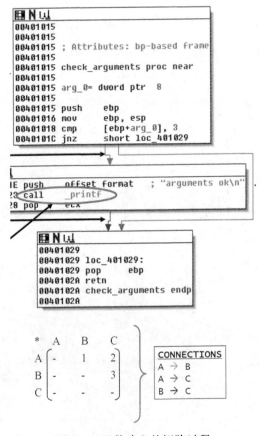

图 3-9　函数建立的矩阵过程

（2）基本块签名提取与匹配

采用基本块的 hash 值作为基本块的签名。基本块的 hash 值的计算基于基本块内部反汇编后的汇编指令，对基本块中的每一条指令根据其指令字符串计算出对应的 hash 值，然后对整个基本块的 hash 值求和。因为其 hash 值的唯一性，所以如果两个基本块的 hash 值相同，则其指令集合是相同的，而不用管指令顺序如何改变（可能由于编译器优化的原因）。

综上所述，如果两个文件所有的基本块都是相同的，我们可以认为这两个文件是完全一致的，如图 3-10 所示。

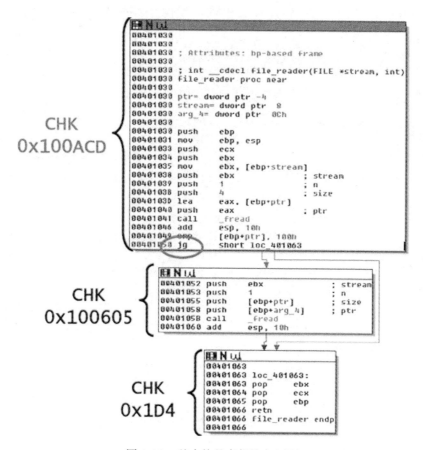

图 3-10　基本块签名提取与匹配

（3）基本块边匹配

在基本块 hash 相同的基础之上，进一步对其跳转关系进行判断，如果两组 hash 相同的基本块存在一致的跳转关系，则说明两组基本块满足边匹配判定，属于相同基本块。边匹配的具体实现过程如下：

1）假设源函数 funA，基本块数为 n；目标函数 funB，基本块数 m。对 funA，funB 基本块在 hash 相同的情况下对基本块进行双重遍历。

2）对基本块进行边判定，方法为利用邻接矩阵判定基本块之间是否存在一致的跳转关系，如存在则判定为边相同。假设任意一次循环，基本块对分别是（$funA_{i1}$，$funB_{j1}$）和（$funA_{i2}$，$funB_{j2}$）（$funA_{i1}$，$funB_{j1}$，$funA_{i2}$，$funB_{j2}$ 分别是 funA，funB 的基本块）。则分别在两组邻接矩阵中查看其分量 $funA_{i1}$，$funA_{i2}$ 和 $funB_{j1}$，$funB_{j2}$ 的值是否都为 1，则说明 $funA_{i1}$ 到 $funA_{i2}$ 和 $funB_{j1}$ 到 $funB_{j2}$ 之间存在一致的跳转关系，依次遍历判断对应的矩阵值来判断函数是否相同。

下面用几幅图来展示算法的比对过程，如图 3-11 所示。

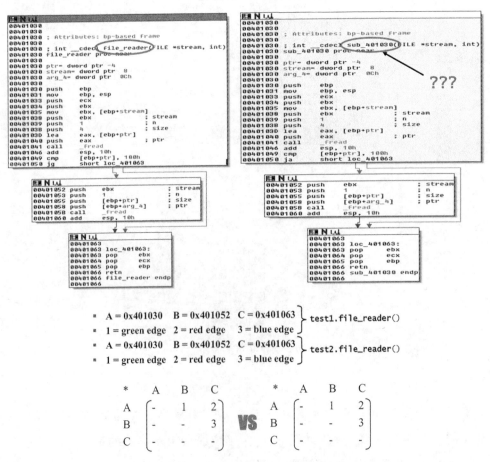

图 3-11　基本块 hash 值与跳转关系相邻矩阵相同

图 3-11 中基本块 hash 值与跳转关系相邻矩阵是相同的，说明这两个函数是完全相同的。

图 3-12 中左图比右图多出来一个基本块，在跳转关系形成的相邻矩阵中，两者的值就存在差异，可以判断出这两个函数之间存在变更的地方。

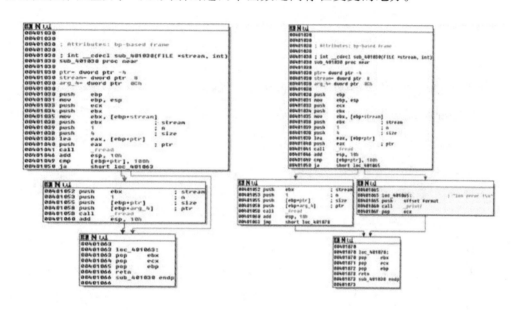

- <u>test2.exe</u>
  - A = 0x401030　B = 0x401052　C = 0x401063
- <u>test3.exe</u>
  - A = 0x401030　　B = 0x401065　C = 0x401052　D = 0x401070

*	A	B	C	**VS**		A	B	C	D
A	-	1	2		A	-	1	2	-
B	-	-	3		B	-	-	-	3
C	-	-	-		C	-	-	-	3
					D	-	-	-	-

图 3-12　基本块 hash 值与跳转关系相邻矩阵不相同

第6节　杀手现身

腾小宇使用差异化的方法做测试分析，用的愈来愈熟练，回归工作量少了不少，总体测试耗时也短了很多，连开发同学都不由称赞："小宇你最近是通宵加班了么，感觉测试快了很多啊。"小宇不由得开怀一笑，谦虚道："哪里哪里，只是最近测分的比较精准，减少了回归而已。"

腾小宇这天接到一个新的需求，立即开工进行测分：先做需求分析，画了个业务流程图，感觉不错！好，接着来，状态图，感觉很 cool!

一天后开发提测了，小宇立即开始做实现分析，根据前面需求分析的情况，信心满满的觉得今天一天绝对可以搞定。可是仔细看了开发的代码影响，头大了：因为开发在很多地方都修改了代码，影响了很多文件，相比以前的黑盒测试，范围一点也没减少啊。

小宇感到困惑，心想：这是怎么回事呢？为什么我分析了变更代码，本来要做的回归测试一点也没减少呢？

腾小宇找来陈导，陈导仔细研究了之后，神秘的说，"小宇，恭喜你，你碰到了精准测试的杀手，猜猜它是谁？"

小宇挠挠头："陈导，你就别卖关子了，直言吧。"

陈导吊足胃口后，笑言："这个杀手就是——耦合！"接着，陈导开始耐心的给小宇讲解起来。

耦合的定义——耦合是对软件结构内各个模块之间互连程度的度量。不懂？简单说就是你影响我，我也影响你。耦合一定是不好的吗？当然不是，耦合也是分程度的。强耦合肯定不好，弱耦合也是必要的，否则软件的开发成本高了去了。

在软件架构方面，高内聚，低耦合的设计是被推崇的，好的架构是大家都喜欢的。咱们这里就不探讨设计模式了，咱们主要分析下耦合对精准测试有多大影响。如图 3-13 所示。

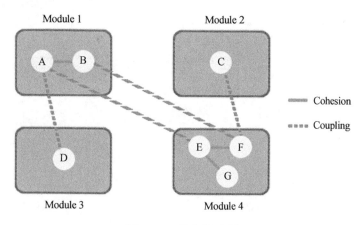

图 3-13　耦合关系图

咱们分析一下，由于系统的设计存在强耦合问题，导致在实现新功能的时候，不得不在很多地方做相应的修改，必然使得回归测试要覆盖这些地方。

听到这里，小宇豁然开朗：原来如此，看来这次开发实现应该就是这个原因了。那是不是只需要分析改什么测试什么，就可以达到精准了？耦合真这么简单吗？显然不是，小宇眉头皱了起来，看来还需要好好分析一下改什么影响什么的问题呀！这好不容易开始了精准测试，效果还不错，偏偏碰到一耦合杀手，问题有解吗？当然，高手之间都是见招拆招，具体请看下一章"精准测试第二式：系统治理"。

读者思考：

如何识别开发人员递交内容与需求之间的关系？

精准测试第二式：技术治理

第1节 居然是 boss 级别

腾小宇了解到杀手是耦合后，就开始琢磨下面的问题：耦合影响每次也要回归，我们都回归了吗？回归内容是否够精准？

要想回答这些问题，也需要摸一下底。于是小宇追查了近期漏测的问题，看大家的漏测原因，果然找到了好几个这样原因的：因为某中心修改没有知会我们中心，导致我们中心开发也不知道影响，测试人员自然也没有进行测试，故漏测。小宇想，这个现状有点儿惨，中心间连耦合影响都感知不到，这种漏测实在太冤，这个杀手竟然是boss级别！但真的是冷面无情、百毒不侵吗？看来要好好研究一下。

首先，先去深度了解一下耦合，所谓知己知彼百战不殆。技术上的耦合有哪些呢？腾小宇一边网上查阅各类资料，一边结合自己的实践来梳理，他在文档中写到：技术上的耦合有很多类，从学术上来说有以下几类（由强到弱）：

1）**内容耦合**：如果发生下列情形，两个模块之间就发生了内容耦合：

❑ 一个模块直接访问另一个模块的内部数据；

❑ 一个模块不通过正常入口转到另一模块内部；

❑ 两个模块有一部分程序代码重叠（只可能出现在汇编语言中）；

❑ 一个模块有多个入口。

2）**公共耦合**：若一组模块都访问同一个公共数据环境，则它们之间的耦合就称为公共耦合。公共的数据环境可以是全局数据结构、共享的通信区、内存的公共覆盖区等。

3）**外部耦合**：一组模块都访问同一全局简单变量而不是同一全局数据结构，而且不是通过参数表传递该全局变量的信息，则称之为外部耦合。

4）**控制耦合**：如果一个模块通过传送开关、标志、名字等控制信息，明显地控制选择另一模块的功能，就是控制耦合。

5）**标记耦合**：一组模块通过参数表传递记录信息，就是标记耦合。这个记录是某一数据结构的子结构，而不是简单变量。

6）**数据耦合**：一个模块访问另一个模块时，彼此之间是通过简单数据参数（不是控制参数、公共数据结构或外部变量）来交换输入、输出信息的。

7）**非直接耦合**：两个模块之间没有直接关系，它们之间的联系完全是通过主模块的控制和调用来实现的。

当然这个耦合的分类是比较学术和严谨的，但在实际互联网产品开发中，常见的耦合并没有这么多，常见并且通常需要考虑的耦合类型有：

❑ 数据库 / 文件 / 缓存区耦合；

❑ 同步耦合，如函数 / 方法 / 类的直接调用，WebService、EJB，或分布式事务；

❑ 异步耦合，如异步消息，短连接请求等。

在实际测试工作中，梳理清楚这些耦合是非常有必要的。

小宇接下来四处搜集开发资料，看有没有文档可以参考梳理清这些耦合。找了一大圈，发现文档少得可怜，即便有文档，里面关于耦合关系的描述又几乎没有，看来这条路是行不通了。那接下来该如何梳理呢？小宇决定循序渐进，一步步来。

小宇先从业务模块入手来看，梳理业务模块和公共模块，以及业务模块之间的耦合关系，先只关注模块间的边界，这个边界包括同步调用、异步消息和内容耦合。如图 4-1 所示。

图 4-1　业务模块关系图

小宇花了一天，梳理出来一份边界文档，看起来不错。然后推动各个中心的业务测试人员把中心间的耦合模块也都梳理了一下。Leader 莎姐也非常赞同这件事情，强调所有业务中心人员在日常测试中，要多关注对其他中心模块的影响，可以参考大家梳理的内容，要做到知会对应中心分析影响。有了莎姐的支持，所有中心很快都梳理完毕边界文档。好了，至此，中心间耦合的人工分析似乎已经 OK 了，小宇长舒了一口气。

一个月过去了，一天小宇收到一个二级严重反馈单，分析了具体原因，居然还是中心间耦合引起的！不是所有中心都梳理过边界接口吗？怎么还会有漏测？小宇跑过去和测试姐了解了详情，测试姐也在抱怨，这个函数变更不在咱们的边界接口里面呀，只是这个函数变更影响了边界接口，导致影响到其他中心业务。这么深的影响关系一时半会哪能分析出来？版本时间那么紧，走全套的耦合分析流程，又要找自己中心开发、影响中心开发、影响中心测试一一分析确认，怎么着也得走两天才能分析完，但这个版本可是一天就要测完外发的呀！

小宇意识到纯靠人工去梳理分析，效率确实太慢，而且仍有漏测风险，这个 boss 不好对付啊，该怎么解决呢？有没有工具支撑的可能性？小宇决定去找陈导请教一下。

"陈导，耦合这个杀手咱们找到了，有没有什么方法，能系统地把这个影响分析清楚呢？尽量规避漏测风险呢？"

"这倒是个好问题！可以从代码的调用方式上考虑一下。"

"具体一点是指什么？"

"假设我们把系统的调用关系都能摸清楚，并且记录下来，在分析的时候就很清楚谁影响了谁啊。"

"调用关系？"

"对啊，就是常见的函数、方法间的调用，系统服务调用，各种接口、导出函数等。"

"我之前曾经写过技术治理的文章，你可以参考一下。"陈导把文章链接发给小宇，小宇认真的看起来。这篇文章就是接下来的第 3 节：技术治理。

第 2 节　技 术 治 理

本文提出的技术治理简单说就是关系链，它是用来分析技术实现上的各种耦合关系的。差异化解决的是改什么、测什么的问题，技术治理是为了搞清楚改什么、影响什么的问题。技术治理是一种递进的关系。一般来说，采用分而治之的策略：

❑ 系统内治理；

❑ 系统间的治理；

❑ 数据库的治理。

1. 系统内治理

先解释一下基本术语，针对我们被测的对象来说，大致可以分为两类：终端、服务端。我们对"系统／服务"的理解通常是指在业务、技术上提供了边界相对比较清晰的功能或服务。客户端通常是指一个模块；服务端一般是指一个逻辑上的应用服务器。

例如，对电脑管家这样的大型客户端软件来说，杀毒就是一个非常明显的业务模块，它在技术实现上，也有边界比较清晰的工程系统。与之类似，管理电脑管家的一些日常签到的一个后台应用服务器（活动管理的服务器），也是一个逻辑上比较清晰的后台应用。这些我们可以叫做系统／服务。

系统内的耦合类型最主要的类型有：直接调用、数据共用（内存／数据库／文件）和传递等。

直接调用是最常见的一种耦合类型。常见的 IDE 提供了调用关系的跟进方法（例如在 Eclipse 中，可以在 F4 的 Hierarchy View 中查看接口和类之间的关系）。

当然这只能看少数几个类或方法。批量治理的方法有吗？我们推荐三种方法，可以对付常见的直接调用，如下所示：

- 最简单的是用关键词索引法。我们先用 class，function 等关键词，一次性提取出所有的类、函数 / 方法，然后用每个类、函数 / 方法作为关键词，在全量代码中去搜索，看它们在什么地方出现，我们就知道这些对象在什么地方被调用了。我们通过设计合理的数据记录模型，再反向进行拼接，就可以知道调用关系的全图。这种方法虽然能帮助我们快速找到调用对象，但不一定完全准确，我们一定会找到比实际更多的对象。例如重名就是一个很重要的干扰因素。
- 针对需要编译的高级语言领域，如 C、C++，利用分析二进制的逆向方法，来动态解析调用关系。例如，利用 IDA 的逆向函数来对二进制文件进行分析，可以找到互相之间的调用关系。
- 动态解析的方法，区别是针对 Java 领域，通过 Java 自带的方法，在 Java 虚拟机中，对字节码进行增强，通过对 Java 程序运行过程中的调用路径进行记录，从而跟踪到类 / 方法之间的调用关系。

要解决直接调用这个问题，如果把以上几种方法综合起来用会更棒。就像学了吸星大法，再学点易筋经，就腰不酸腿也不疼了。

对于数据共用和传递，这部分的耦合又如何去快速解析呢？这就要具体问题具体分析了，我们可以利用开发框架的一些特点来梳理，例如 Spring 中的数据持久层 DAO，它良好地管理了 Java 应用程序对数据库的增删改查的调用，我们可以通过先分析 Java 应用代码和 DAO 的关系，再分析 DAO 和数据库的关系，来获知共享数据库应用程序的类 / 方法、函数是哪些。

再举个例子，iOS 常用的 SQLite3 和 Core Data 也是数据持久化的管理方法，可以通过同样的方法来获得 iOS 领域的数据共享关系链。

小结一下，在实际的测试实战中，我们通过前面差异化分析的方法，首先区分影响范围是否在系统内。如果是在系统内，我们主要通过系统内治理的方法进行分析；如果涉及系统间或关系数据库，则需要更多的分析。

2. 系统间治理

分而治之是解决"内乱"的战术。如果已经安内，就要考虑攘外了。系统间的耦合主要有：

❑ 基于消息的异步调用或回调。这里包括各种各样的消息类型，如 MQ(B/S)，管道（Windows 客户端）等。

❑ 通过 WebService、EJB 等同步调用。

这一招最有效的研习方法是跟开发哥一起"双修"。以 B/S 系统为例，我们需要一个有效的服务治理方法来管理服务之间的调用关系。这个方面，行业做得比较好的是阿里巴巴的分布式服务框架 Dubbo。Dubbo 其实也不是一个专门用来做服务治理的框架，它是一个比较强大的高性能和透明化的 RPC 远程服务调用方案。在这里我们仅提到服务治理部分，是为了用它作为一个例子来说明 B/S 系统间服务治理的一种良好解决方案。

Dubbo 通过控制系统间服务调用的权限（服务需要注册后才能对外发布服务，同样服务使用方也要先跟 Dubbo 申请权限后方可调用对应的服务），来完成对所有暴露外部服务和调用方的管理。对开发和测试来说，有了这个就可以画出系统间服务调用的全图，从而可以轻而易举地去判断服务之间的影响关系了。

对于客户端的系统（模块）之间的通信，同样适用于这种方法。例如通过建立消息中心来管理所有模块的 IPC 通信，也是一种良好的管理系统（模块）间关系链的方法。

如果开发哥不愿意配合怎么办？有时候也不一定是不愿意配合，可能有各种说不出的苦衷。在一些测试的版本中加入一些监控，也是一种帮助杂乱无章的系统耦合进行梳理的思路。例如在建立连接、会话的过程中，或者在操作系统中监控特定范围内的跨进程访问记录，再通过这些记录进一步整理出存在相互之间调用的可能性。为什么不试一试呢？即使以上说的方法在实施的过程中都有困难，还有最后一步，人工梳理，笨是笨了点，但梳理工作本身也是测试人员系统地去认识系统的过程，这样的过程也会极大地帮助测试人员更理解应用架构，以及系统的各种实现细节。

3. 数据库治理

不管是 B/S 系统还是 C/S 系统，关系型数据库都是比较常见的（移动客户端和 Windows 客户端除外）。这个地方用"沼泽地"来形容太贴切了。为什么这么说呢？因为在老旧的 Sever 里，对关系型数据库的依赖是非常大的，有些甚至到了令人发指的程度。除了表与表之间的直接关联，还有各种存储过程对数据表、字段的引用，存储过程的互相调用，更有触发器这样的隐形侠神出鬼没。

从治标要治本的角度去看，错综复杂的数据库对象之间的关联是不太好的一种应用架构方式。关系型数据库尽管非常强大，也能承担起一些应用逻辑，但如果把太多的业务逻辑都放在关系型数据库里，是不太方便后期的跟踪和维护的。数据库的任何读写也会伴随着大量的 I/O 产生，对性能也会带来很明显的瓶颈。

随着这几年武林各派的武功秘籍水平的纷纷提升，大家也越来越认识到，数据库还是尽可能地回归到数据存储和读写这个根本的定位上来，而把更多的业务处理放到应用服务器中去。因此，如果在实际的项目中存在关系型数据库内部的大量耦合，是一定要首先考虑督促项目团队去朝以上方向努力的。很多时候，重构意味着需要一段时间的艰辛努力，但是长痛不如短痛，重构能把游戏难度降低一些。

如果实在没有这样的机会。考虑一下关键词索引，准确度稍微低了些，但是简单、粗暴、有效，能解决 80% 以上的问题。

4. 系统 / 服务治理的工程实践建议

再来回归一下，技术治理是什么样的一个杀手级武器？说白了就是一个大型的系统关系链的拼图。比如 B/S 系统，由系统内、系统间、数据库各个板块治理拼起来的最终结果。有了这个武器，就好比我们在复杂的测试对象内部，布置了一张灵敏的蜘蛛网，无论敌人撞到哪个角落，我们都能在第一时间知晓哪里出问题了。

在工程实践上，我们大致分为两部分。

一部分是输入，就是说要从各个地方把这个关系链收集上来，这可能需要根据不同的领域去开发不同的自动化获取关系链结果的工具。这一类工具可能包括关键词扫描、二进制逆向工具、Java 虚拟机插件、服务治理系统、调用侦听日志等一系列手段进行全面监控。通过静态、动态源源不断地从被测对象收集上来各种原始、真实的耦合数据。

另外一部分是输出。有了输入数据，我们就可以开始进行玩拼图游戏。例如对函数、方法、类的调用关系，我们可以简单地用 call、caller 的计算和存储方式来解决问题。拼图游戏完成后，我们应该可以很简单地通过输入任何一个对象，来知道任何一个对象对应的各种拓扑关系，包括谁调用了我，谁和我公用了同个数据表甚至同一个字段。像百度地图一样，了解查询点周边的服务。除此以外，应该输出更多。作为一个神秘的杀手级"人物"，应该具备通过 API 输出的能力，通过对外提供 API 来给到其他系统调用的机会，从而模型化地输出各种关联对象。

俗话说，能力越大责任越大，当我们掌握差异化的理解，并且也一步一步地梳理出技术方面丰富多彩的耦合关系后，结合业务逻辑的影响分析，我们就开始应用技术治理这个温暖的杀手，想办法用到各种测试场景去了。但是，即使知道了这些，我们又如何来设计对应的测试场景进行测试呢？

第 3 节　柳暗花明又一村

小宇看了陈导的文章之后，茅塞顿开，看来要先安内，再攘外了，但是不管内部还是外部，关键是要拿到调用关系。

晚上在公司食堂吃了晚饭，小宇找到了彪哥，彪哥正在撸手游呢。小宇等到彪哥完事后说："彪哥，有没有办法获取到代码里面的调用链呢？"

"你要这个干嘛？"

"我想在做测试分析的时候，如果有清晰的调用链做指导，对影响的评估会更快，也更准。"

"哦，这个想法有趣！孺子可教！"彪哥不由得夸奖起来。

"呵呵，陈导指导的。"

"容我仔细想想，过两天告诉你。"彪哥故作神秘地说道。其实彪哥心里已经有了 7 分的把握，因为他之前研究过一个工具，能扫描出来代码里面的调用关系。

彪哥很快鼓捣出了一个方案来。他先用 Doxygen 扫描了一个模块的代码，获取到了函数的调用关系图。小宇看来觉得好酷！

可是不能每次要用的时候才扫描啊，于是，彪哥进一步设计了一个数据库，把代码的调用关系存到了数据库中。再做了一个网页，能展示和查询调用的拓扑关系图。

这下，大功告成，只欠东风了！在使用了若干次以后，小宇发现这个方法很有帮助。他通过差异化分析代码后，获取到变更的具体代码。再通过查找这些代码对应的调用关系，可以精确地识别出哪些功能受影响。

可是，慢慢地，小宇也发现了目前这种方法的局限性。有一天，他跟彪哥聊到："彪哥，目前模块内的调用关系我们搞得很清楚了，但模块间的好像还缺失了。模块间的调用其实更重要。我们有的模块是公共模块，一出问题好多地方都受影响！"

"模块间的我也想搞啊，只是因为模块间有好多虚函数，调用链到了这里就断掉了。"

"那有没有什么办法把虚函数的问题解决掉？"

"这个很难搞，Doxygen 工具也不支持。除非咱们自己做。"彪哥的眼睛闪过一丝光亮。

"自己搞难度大吗？"

"难度自然大，尤其是虚函数调用链这块，难度更大！恐怕是一时半会做不完，不能很快地支持业务测试哪。"

"要不咱们先干着？业务这块就还是用人工分析支撑着吧。"小宇有点儿小期待，又有点儿无奈。

"那咱们就开干！这才有点意思。"彪哥兴奋地说。

接下来一段时间，彪哥陷入技术的狂热状态，小宇好久都没见彪哥撸手游了。两人多次就如何做才有用陷入争吵，但最终都会达成一致意见，分头执行。功夫不负有心人，彪哥终于用逆向二进制文件的方式，通过反汇编的指令来获取函数之间的调用关系。和 Doxygen 比较了一把，效果很好，详见表 4-1。

表 4-1　函数调用链工具对比表

对　比	自　己　平　台	Doxygen
是否依赖源码	否	是
获取跨模块函数调用关系	可以	不可以
是否可以获取模块之间的调用关系	可以	不可以
性能	20 分钟 /50 万行代码	24 小时 /50 万行，并且易卡死
准确度	高 有虚函数解决方案	低 很多数据缺失

第 4 节　静态函数调用链获取

彪哥把自己实现静态函数调用链的原理在组内分享了下，获得了大家的一致好评，内容有点多，彪哥又整理成文章，下面摘要一下。

站在逆向二进制的角度观察函数的调用关系，可以将函数分为以下几种类型：

❑ 普通函数的调用分为两种，一个是 call 指令调用，另一个是跳转指令调用。

❑ 函数指针的调用指的是，将函数作为参数进行传递，通过参数/变量进行调用。

❑ 类中虚函数的调用，通过虚表指针间接调用具体的子类函数。

先通过流程图描述核心思想，再一一详细介绍，如图 4-2 所示。

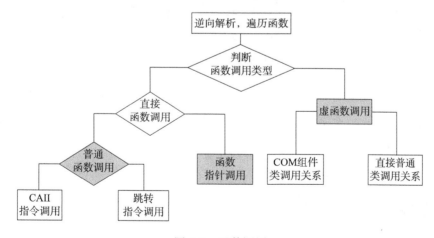

图 4-2　函数调用

1. 普通函数调用

这里所谓的普通函数的调用，指的是可以直接通过函数的虚拟地址进行直接调用。从 C/C++ 语言的角度来看，这个函数可以是一个纯 C 函数或者类成员非虚函数（补充一下：对于宏，在编译时就已将其替换为其所代表的项，所以从逆向的角度而言，若要获取宏的调用关系还需要进一步将替换者变为宏......）。从 PE 文件的角度考虑这个函数可能存储在 .text 的代码区、导入表、导出表三个地方中。

对于普通函数而言，在汇编层面直接调用的是所在的函数地址，IDA 所在的加载器会将这个调用的实际函数地址替换成对应的函数名称，如图 4-3 所示。

```
.text:004442C0 ; int __cdecl main(int argc, char **argv)
.text:004442C0 _main              proc near            ; CODE XREF: j__main↑j
.text:004442C0
.text:004442C0 var_CC             = byte ptr -0CCh
.text:004442C0 filename           = dword ptr -8
.text:004442C0 argc               = dword ptr  8
.text:004442C0 argv               = dword ptr  0Ch
.text:004442C0
.text:004442C0                    push    ebp
.text:004442C1                    mov     ebp, esp
.text:004442C3                    sub     esp, 0CCh
.text:004442C9                    push    ebx
.text:004442CA                    push    esi
.text:004442CB                    push    edi
.text:004442CC                    lea     edi, [ebp+var_CC]
.text:004442D2                    mov     ecx, 33h
.text:004442D7                    mov     eax, 0CCCCCCCCh
.text:004442DC                    rep stosd
.text:004442DE                    mov     [ebp+filename], offset aFProgramFilesT ;
.text:004442E5        函数调用      cmp     [ebp+filename], 0        实际函数地址替换成函数
.text:004442E9                    jz      short loc_4442F7         名称调用
.text:004442EB                    mov     eax, [ebp+filename]
.text:004442EE                    push    eax               ; filename
.text:004442EF                    call    j_?DumpFile@@YAXPAD@Z ; DumpFile(char *)
.text:004442F4                    add     esp, 4
```

图 4-3　实际函数地址替换成对应的函数名称

通过对逆向汇编的分析，C/C++ 代码中的函数调用在编译成二进制之后，逆向成汇编语言，从普通函数的角度观察，调用函数的指令有两类：一类是 call 指令。另一类是跳转指令。如图 4-4 所示。

从汇编角度，普通函数的调用是最常用的一种形式，也最容易解析。

2. 函数指针的调用

函数指针的一种使用形式是回调函数（把函数的指针（地址）作为参数传递给另一个函数，当这个指针用于调用其所指向的函数时，就说这是回调函数）。函数指针的主旨是：作为参数，不管是函数的参数，还是作为一个成员变量。窗口中的消息传递，如下所示：

```
bRes=m_oEvtListener.ListenEvent(spBtn,GBE_Click, &CQQMasterMainUI::OnButtonSwitchMode);
```

```
void                    ( PIMAGE_ROM_HEADERS pROMHeader )
{
    DumpHeader (&pROMHeader->FileHeader);
    printf("\n");

    DumpROMOptionalHeader (&pROMHeader->OptionalHeader);
    printf("\n");

    DumpSectionTable ( IMAGE_FIRST_ROM_SECTION (pROMHeader),
                       pROMHeader->FileHeader.NumberOfSections, TRUE);
    printf("\n");

    // Dump COFF symbols out here.  Get offsets from the header
}

void __cdecl DumpROMImage(_IMAGE_ROM_HEADERS *pROMHeader)
DumpROMImage@@YAXPAU_IMAGE_ROM_HEADERS@@@Z proc near
                                ; CODE XREF: DumpROMImage(_IMAGE_ROM_HEADERS *)↑

var_C0          = byte ptr -0C0h
ROMHeader       = dword ptr  8

                push    ebp
                mov     ebp, esp
                sub     esp, 0C0h
                push    ebx
                push    esi
                push    edi
                lea     edi, [ebp+var_C0]
                mov     ecx, 30h
                mov     eax, 0CCCCCCCCh
                rep stosd
                mov     eax, [ebp+pROMHeader]
                push    eax             ; pImageFileHeader
                call    j_?DumpHeader@@YAXPAU_IMAGE_FILE_HEADER@@@Z ; DumpHeader(_IMAGE_
                add     esp, 4
                push    offset asc_4A57D0 ; "\n"
                call    j__printf                           call调用
                add     esp, 4
                mov     eax, [ebp+pROMHeader]
                add     eax, 14h
                push    eax             ; pROMOptHdr
                call    j_?DumpROMOptionalHeader@@YAXPAU_IMAGE_ROM_OPTIONAL_HEADER@@@Z ;
                add     esp, 4
                push    offset asc_4A57D0 ; "\n"
```

图 4-4　调用函数的指令：call 指令、跳转指令

从汇编的角度，参数的传递主要通过以下两个指令进行：mov/push 指令。以函数作为参数 / 变量进行传递的两种情况，如图 4-5 所示。

```
BOOL                    ::Init( )
{
    m_pluginTemp.CallFunction = CallFunction;
    m_pluginTemp.CallService = CallService;
    m_pluginLink.CallServicetemp = CallServicetemp;
    return TRUE;
}

; int __thiscall            ::Init(                 *__hidden this)
?Init@                  @@QAEHXZ proc near
                push    esi
                mov     esi, ecx
                push    offset stru_10157254.m_crit.m_crit.LockCount  函数指针的调用方式
                mov     dword ptr [esi+0C0h], offset ?CallFunction@@YGHP6GXPAX@Z@Z ;
                mov     dword ptr [esi+0B8h], offset ?CallService@@YGHPB_WIJ@Z ; CallServi
                mov     dword ptr [esi+0BCh], offset ?CallServiceSync@@YGHPB_WIJ@Z ; CallS
```

图 4-5　参数的传递指令：mov/push 指令

对于函数指针，我们只需要判断 push/mov 指令传递的地址是否为一个函数实际地址，若判断为真，就将其标明为一个函数指针的调用情况。

3. 虚函数调用

虚函数的基本概念是：作为面向对象最具特色的概念，对象的多态性需要通过虚表和虚表指针来完成，虚函数指针被定义在对象首地址的前 4 个字节处，因此虚函数必须作为成员函数使用。由于非成员函数没有 this 指针，因此无法获得虚函数表指针，进而无法获取虚表，也就无法访问虚函数。

在 C++ 中，使用关键字 virtual 声明函数为虚函数，当类中定义有虚函数时，编译器会将该类中所有虚函数的首地址保存在一张地址表中，这张表被称为虚函数地址表，简称虚表。同时，编译器还会在类中添加一个隐藏数据成员，称为虚表指针。该指针中保存着虚表的首地址，用于记录和查找虚函数。包含虚函数的类 CVirtual 的定义如下所示：

```
class CVirtual{
public:
    virtual int GetNumber(){                    // 虚函数定义
            return m_nNumber;
    }
    virtual void SetNumber(int nNumber){        // 虚函数定义
            m_nNumber = nNumber;
    }
private:
    int m_nNumber;
};
```

int nsize = sizeof(CVirtual); 大小为 8 字节数据，其中 4 个字节用于保存 m_nNumber 成员变量，另外多出了 4 字节数据，这 4 字节数据用于保存虚表指针。在虚表指针所指向的函数指针数组中，保存了虚函数 Get Number 和 SetNumber 的首地址。对于开发者而言，虚表和虚函数指针都是隐藏的，在常规的开发过程中感觉不到她们的存在。对象中的虚表和虚函数指针的关系，如图 4-6 所示。

虚表指针的初始化是通过编译器在构造函数内插入代码来完成的。在虚表指针初始化的过程中，对象执行了构造函数后就得到了虚表指针，当其他代码访问这个对象的虚函数时，会根据对象的首地址，取出对应虚表元素。当函数被调用时，会间接访问虚表得到对应的虚函数首地址，并执行调用。此种调用是一个间接调用的过程，需要多次寻址才可以完成。

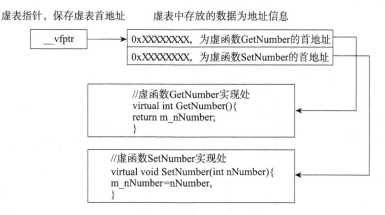

图 4-6　虚表和虚函数指针的关系图

只有在使用对象的指针或者引用来调用虚函数的时候才会出现通过虚表间接寻址访问的情况。当直接使用对象调用自身的虚函数时，没有必要查表访问。这时已经明确调用的是自身成员函数，根本没有构成多态性，查询虚表只会画蛇添足，降低程序执行效率。

在逆向静态分析中虚函数缺失父调用函数关系，那么为什么会缺失父函数呢？如图 4-7 所示。

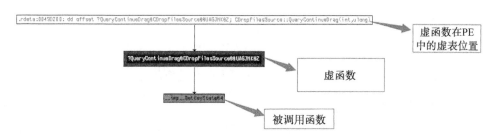

图 4-7　虚函数缺失父调用函数关系图

从图中我们可以知道子调用关系，却不知道父调用关系。那么为什么会产生这个问题呢？让我们一起看看一个有虚函数调用的函数汇编实现，如图 4-8 所示。

```
    void CMainUI::▮▮▮▮▮▮▮▮▮▮(IData *pData)
    {
        BOOL bResult = FALSE;
        BOOL bExitApp = TRUE;

        if (!m_bClosedTemp && !m_bExitOnTemp)
        {
            bResult = CheckModuleState(&bExitApp);
        }                          虚函数调用
    }

.text:100C57B3          push      0FFFFFFFFh
.text:100C57B5          push      offset __ehhandler$?CloseGFWindow@CQQMasterMainUI@@AAEXPAUI
.text:100C57BA          mov       eax, large fs:0
.text:100C57C0          push      eax
.text:100C57C1          sub       esp, 8
.text:100C57C4          push      ebx
.text:100C57C5          push      esi
.text:100C57C6          push      edi
.text:100C57C7          mov       eax, ___security_cookie
.text:100C57CC          xor       eax, ebp
.text:100C57CE          push      eax
.text:100C57CF          lea       eax, [ebp+var_C]
.text:100C57D2          mov       large fs:0, eax
.text:100C57D8          mov       esi, this
.text:100C57DA          cmp       dword ptr [esi+88h], 0         ┌──────────┐
.text:100C57E1          mov       ebx, 1                        │ 具体虚表 │
.text:100C57E6          mov       [ebp+bExitApp], ebx           └──────────┘
.text:100C57E9          jnz       short loc_100C5801
.text:100C57EB          cmp       dword ptr [esi+90h], 0
.text:100C57F2          jnz       short loc_100C5801            两者的相对应，在静态逆向的情况下
.text:100C57F4          mov       eax, [esi]                    很困难，在某些条件下还是不可能做
.text:100C57F6          mov       edx, [eax+10h]                到的，从另一个侧面反映了虚函数动
.text:100C57F9          lea       this, [ebp+bExitApp]          态运行确定的真理。
.text:100C57FC          push      this
.text:100C57FD          mov       this, esi                     虚函数调用
.text:100C57FF          call      edx
```

图 4-8　虚函数调用的函数的汇编实现

　　从图中可以很明白，为什么虚函数父调用的关系缺失了，因为在汇编中这其实是一个地址的调用，要建立寄存器与具体虚表的关系是很困难的（或许本身就不可为）。一个解决方案是对 IDA 逆向 C/C++ 伪码去获取虚函数名称（数据流指令的分析），然后通过虚函数名称去补全父函数调用关系。但是通过对产品不同模块使用逆向伪码的功能，发现 IDA 在逆向虚函数的时候准确率只能达到30% 多，并且对不同版本 IDA PRO 的逆向虚函数伪码的功能进行的测试（除了最新的 6.6 未提供下载），准确率都很低。并且寻找了多个处理面向对象语言的插件效果也都不佳。在 IDA 做了这么多年逆向虚函数的工作来看，这块工作耗时而且收效甚微。那么我们就退而求其次，做到现在可以确定做的事情：

1）对于普通的非虚函数变更可以精确到函数级别的调用关系链的影响。

2）对于虚函数当其发生了变更，因为影响不能精确到函数级别，但是可以做到类级别。类之间的调用关系可以通过构造函数去确定，因为构造函数不是虚函数，这个前提是肯定的。

那么对于类调用关系的获取在产品中大致有两种情况需要处理：第一种是没有经过封装的直接的类之间的调用（包括模块内与模块间）。第二种是 COM 类跨模块间的类调用关系，用流程图来表述如图 4-9 所示。

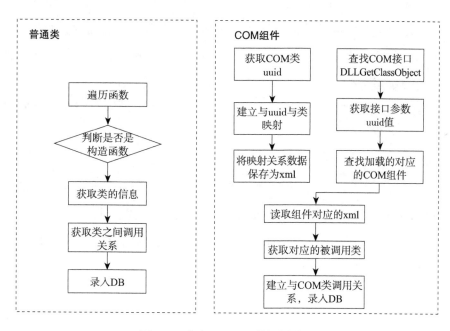

图 4-9　获取 COM 函数调用流程

对于 COM 组件中数据的逆向处理因为比较复杂，这里不详细展开。

对于虚函数的处理，因为在静态逆向分析的情况下不能获取实际函数的调用，在万不得已的情况下，只能用类调用关系来弥补这方面数据的缺失。对于虚函数展示类调用关系，也可满足我们的业务需求。

第 5 节　动静结合函数调用链

有了彪哥提供的静态函数调用链，业务人员进行测试分析更加便捷准确了。但仍有抱怨产生：模块内部的函数调用链很棒，很有用，模块间的调用虽然有一些了，但仍旧不全啊！小宇也深感这还是解决不了耦合漏测风险，很有必要再继续补齐一下。于是小宇又找来彪哥、陈导，三人碰头讨论解决方案。

彪哥挠头："静态解析虚函数的时候，因为 COM 的原因，很多关系找得不是很准确。"

"什么原因呢？"小宇问。

" COM 组件中通过 uuid 与类建立起唯一的对应关系。对于 COM 组件获取 DLL 中提供给外部调用的接口类，也是通过查找 uuid 获取的。在逆向的过程中，uuid 是存在于数据区中以字符串的形式存在，通过逆向的方式查找 uuid 对应的类会存在遗漏的情况。"彪哥不停地说了一堆。

小宇听了半天，似懂非懂，又追问了几次，有点明白症结点了。

"那还有其他补救的可能吗？"小宇又试探性地问。

"也不是没有，就是代价有点大。"彪哥深沉地说。

"快说来听听。"小宇急不可耐地探过头去。

"静态不行，咱就动态！"

"动态？怎么动态法？"

"采集人工执行过的所有函数，获取动态的函数调用链，这一定是准确的，但缺点是也不全，没有执行到的就没有。"彪哥摊开手。

"那有没有可能动态和静态结合起来呢？"一直没有发言的陈导突然说了一句。

彪哥沉思一会儿说道："这句话倒是提醒了我，静态多但是有缺失，动态虽少但不会缺失，那把静态的当作一个基础库，每次动态补齐一点，经过多次补齐，最终还是能建立一个完善的无缺失函数调用链库的！"

"太棒了！"小宇兴奋得要跳起来了。

彪哥信步走到白板前面，拿笔画了起来。

"大家看，假设这是一个静态获取的调用链，有一部分未知的，咱们把它标识出来，先占个位。"如图 4-10 所示。

"动态获取的函数调用链，假设它要通过 2 个用例才能补充完所有调用关系。"如图 4-11 所示。

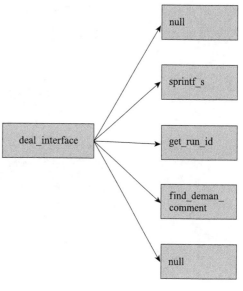

图 4-10　静态获取调用链

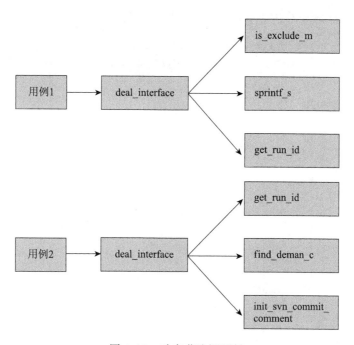

图 4-11　动态获取调用链

　　"这样，在静态分析得出全局图的情况下，通过动态分析的方式对全局图中缺漏的点进行补充的方式，逐步完善我们的调用关系链。这样。"彪哥边说边画，很快白板上展示了一个实现流程图，如图 4-12 所示。

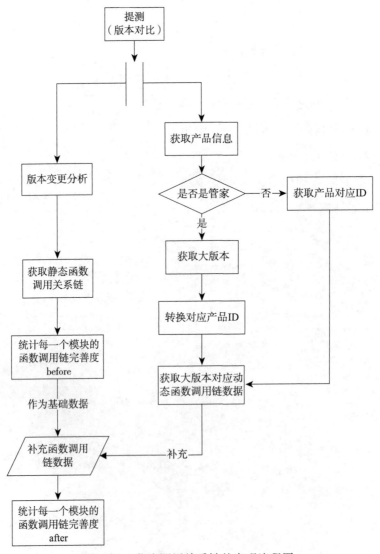

图 4-12　获取调用关系链的实现流程图

　　"这个方案很好，但是如何动态获取函数调用链，还需要研究落地，同时也要做好动态补齐的长线准备。"陈导对着小宇说。

"好，我明白了，只要有明路，就没有问题。"小宇信心满满地说。

读者思考：

1. 我们为什么要有技术治理？

2. 治理有什么其他作用和衍生产出？

3. 技术耦合梳理对测试人员的好处又是什么？

精准测试第三式：度量及分析闭环

第 1 节　什么是测试精准度

　　最近腾小宇的心情不错，精准测试小有进展，也频频得到莎姐的表扬。这天早上，小宇正在食堂吃早饭，突然一条微信消息冒了出来：

　　"小宇，周末有空没？出去玩。"给他发消息的是刚子，当初毕业时封闭培训认识的同事。

　　"去哪？"

　　"东西冲穿越！"

　　"穿越？有点酷，穿到哪个朝代？"

　　"不是那个穿越！是深圳很有名的徒步路线！"

　　"哦，在哪呢？一定去。"

　　"在东面，你自己百度一下吧！我先帮你报个名。"

　　回到办公室，小宇立马搜了一下东西冲穿越：东西冲海岸线是深圳最美丽、最经典的海岸徒步线路。一路山色海景、水碧天蓝，一洗都市之尘扰，看起来太诱人了。

正想着，突然陈导拍了拍小宇："在想什么呢？小宇。"

"哦，我心已经飞到东西冲去了！"

"不错！我去过好几回了，绝对暴爽！对了，咱们的精准测试是贯穿于软件研发过程，通过准确、精细的分析方法，以最小的成本将质量风险降至最低的一种测试思维，但还没有闭合起来，在如何评估测试的精度上，咱们得想一想。"

"哦，哦，是啊，之前提过一次，陈导，你觉得应该如何定义测试精准度呢？"

"测试精准度，即执行的测试用例覆盖了多少测试需求。打个比方，新版本有 10 个需求，执行的测试用例覆盖了 8 个需求，以需求覆盖来评定，它的测试精准度就是 80%。再比如，新版本增加 100 行代码，执行的测试用例覆盖了 90 行代码，以代码覆盖来评定，它的测试精准度就是 90%。我初步的想法是用代码覆盖率来体现。"

"代码覆盖率，好熟悉的名字！我之前看过一篇文章，专门讲这个的。我再研究一下。小宇兴奋地说。"

第 2 节　如何度量代码覆盖率

腾小宇翻出存档的文章，仔细研究起代码覆盖率。

代码覆盖率（Code Coverage）是用来衡量代码被覆盖程度的一种度量方式。它最初是白盒测试的一个指标，后来被广泛应用于系统测试领域。

代码覆盖率的度量方式是有很多种的，这里介绍最常用的几种。

1. 语句覆盖

语句覆盖（Statement Coverage）又叫行覆盖，是最常用也是最常见的一种覆盖方式，就是度量被测代码中每个可执行语句是否执行到了。让我们看一段代码：

```
int foo(int a, int b)
{
    return  a / b;
}
```

如果我们设计了这样一组用例：

```
TC: a=1, b=3
```

很明显，语句覆盖率达到了100%。但是，聪明的你一定想到了，语句覆盖率虽然达到了100%，却没有发现最简单的 bug：b=0 时，会抛出一个除零异常。好吧，看来这个语句覆盖不是很靠谱。语句覆盖常常被人指责为"最弱的覆盖"，它只管覆盖代码中的执行语句，却不考虑各种分支的组合等。

2. 判定覆盖

判定覆盖（Decision Coverage）度量程序中每一个判定的分支是否都被测试到了。废话不说，直接上代码：

```
int foo(int a, int b)
{
    if (a < 10 || b < 10) // 判定
    {
        return 0; // 分支一
    }
else
    {
        return 1; // 分支二
    }
}
```

设计判定覆盖案例时，我们只需要考虑判定结果为 true 和 false 两种情况，因此，设计如下的案例就能达到判定覆盖率 100%：

```
TestCaes1: a = 5, b = 任意数字       覆盖了分支一
TestCaes2: a = 15, b = 15          覆盖了分支二
```

3. 条件覆盖

条件覆盖（Condition Coverage）度量判定中的每个子表达式结果 true 和 false 是否被测试到了，例如：

```
int foo(int a, int b)
{
    if (a < 10 || b < 10) // 判定
    {
        return 0; // 分支一
    }
else
    {
        return 1; // 分支二
    }
}
```

设计条件覆盖案例时，我们需要考虑判定中的每个条件表达式结果，为了覆盖率达到 100%，设计了如下的案例：

```
TestCase1: a = 5, b = 5        true, true
TestCase4: a = 15, b = 15      false, false
```

通过上面的例子，我们应该很清楚判定覆盖和条件覆盖的区别。需要特别注意的是：条件覆盖不是将判定中的每个条件表达式的结果进行排列组合，而是只

要每个条件表达式的结果 true 和 false 都测试到了就行了。因此，我们可以这样推论：**完全的条件覆盖并不能保证完全的判定覆盖**。比如上面的例子，假如设计的案例为：

```
TestCase1: a = 5, b = 15  true, false   分支一
TestCase1: a = 15, b = 5  false, true   分支一
```

我们看到，虽然我们完整地做到了条件覆盖，但是却没有做到完整的判定覆盖，只覆盖了分支一。从上面的例子也可以看出，这两种覆盖方式看起来似乎都不如听上去那么完美。我们接下来看看第四种覆盖方式。

4.路径覆盖

路径覆盖（Path Coverage）度量函数的每一个分支是否都被执行到。这句话也非常好理解，就是所有可能的分支都执行一遍，有多个分支嵌套时，需要对多个分支进行排列组合，可想而知，测试路径会随着分支的数量指数级别地增加。比如下面的测试代码中有两个判定分支：

```
int foo(int a, int b)
{
    int nReturn = 0;
    if (a < 10)
    {// 分支一
        nReturn += 1;
    }
    if (b < 10)
    {// 分支二
        nReturn += 10;
    }
    return nReturn;
}
```

被测代码中 nReturn 的结果一共有四种可能的返回值：0，1，10，11，而上面针对每种覆盖率设计的测试案例只覆盖了部分返回值，因此，可以说使用上面任一种覆盖方式，虽然覆盖率达到了 100%，但是并没有测试完全。接下来我们看看针对路径覆盖设计出来的测试案例：

```
TestCase1 a = 5,  b = 5   nReturn = 0
TestCase2 a = 15, b = 5   nReturn = 1
```

```
TestCase3 a = 5,    b = 15    nReturn = 10
TestCase4 a = 15,   b = 15    nReturn = 11
```

路径覆盖率 100%。太棒了！路径覆盖将所有可能的返回值都测试到了。这也正是它被很多人认为是"最强覆盖"的原因。

研究完代码覆盖率，小宇觉得陈导的提议很好，可以用代码覆盖率来作为测试精准度的一个衡量指标。只是这个代码覆盖率如何落地到业务测试过程中呢？小宇找到了彪哥，一起来探讨如何落地。

"彪哥，陈导提出可以用代码覆盖率来度量测试精准度，我在想如何落地。"小宇先抛出引子。

"代码覆盖率倒不难，我 N 年前就搞过。有很多种方法，Windows 平台下最近两年出了一个新的开源工具，叫 OpenCppCoverage。"

"听起来很牛的样子！"

"对，早几年没有好用的工具，现在工具多了，赶上好时候了。通过代码覆盖率工具，可以查看执行的测试用例对软件代码的测试覆盖比例。"彪哥回答。

"具体是如何度量的呢？"

"你的问题很好，以 OpenCppCoverage 工具为例，比如项目总共有 10 万行代码，执行测试用例，OpenCppCoverage 工具会生成代码覆盖率中间文件，哪些代码测试过以及哪些代码没有测试过都在中间文件中记录下来，最终生成代码覆盖率文件，可以统计出你的测试覆盖的代码行数，比如测试覆盖了 8 万行，那 8 万 /10 万＝80% 就是本次测试的代码覆盖率。"

"支持路径覆盖吗？"

"当然支持。"

"彪哥你太牛了，你最近有时间吗？把这个工具弄起来试试？"

"行，交给我吧，一周之内搞定！"

彪哥就是给力！小宇很庆幸能和这样的队友搭档。

第 3 节　分析闭环的建立

一周以后，彪哥兴冲冲地找到小宇："小宇，那个工具搞定了！"

"哇，真不错！能看看结果吗？"

"行，来我这里，当面给你演示一下！"

在彪哥座位上，小宇看到了这套工具。这是一个纯客户端的代码覆盖率采集软件，它不需要在编译时插桩，只需要有 pdb 文件，运行时插桩，通过 OpenCppCoverage 启动进程即可。

"看起来很酷！"小宇心里想到。

很快，陈导也加入了进来，并且他们三个开始讨论到一个深度的问题：在实际项目中，我们碰到的代码远比上面的例子复杂，数量也有天壤之别。特别是一些大型的软件系统，代码量动辄就是百万行。如果我们要去分析每一行代码的覆盖情况，那肯定是不可能完成的任务。那么怎样解决这个实际问题呢？

最终，经过 PK 之后，他们达成了共识：全量代码覆盖率是不推荐的，也是不科学的，差异化代码覆盖是目前工程中可行的方法，也叫增量代码覆盖。举个例子，一个软件有 100 万行代码，但是每个版本新增和修改的代码加起来是 1 万行代码，也就是说这个差异的量是 1 万，我们只针对这 1 万代码做覆盖率统计即可。

于是，小宇、陈导和彪哥开始设计他们的分析闭环。

让我们来捋一遍精准测试的过程，如图 5-1 所示。

1）测试分析：通过差异化的测试分析得到测试范围集合。

2）测试执行：手工执行用例。

3）代码覆盖率统计：工具自动收集。

4）覆盖率结果分析：需人工分析。

5）反馈调整：根据分析的结果，对于应覆盖但未覆盖到的代码，需要补充用例；对于无需覆盖的代码，记录下来，为下次测试分析提供参考。

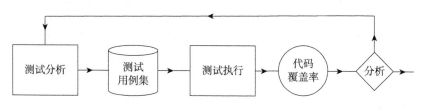

图 5-1　精准测试过程

在此设计的基础上，彪哥用他擅长的技术，花了一个月时间，把这套系统给做出来了。运转了一段时间，业务人员陆续提出了不少便利性的需求，比如希望能将多次版本的覆盖率结果合并一起看，自动获取版本的 svn 信息和 pdb 信息，等等，彪哥都不遗余力地一一推动落地了。现在的样子如图 5-2 所示。

图 5-2　分析工具

小宇也对覆盖率结果进行了一段时间的分析，积累了一些经验，比如覆盖率结果并非一定要追求 100%，有一些代码即使不覆盖，也不会有太大风险。下面介绍一些这样的代码模式。

第 4 节　代码覆盖率结果分析参考模式

1. try catch 类

示例：

```
try{
    //代码区
}catch(Exception e){
    //异常处理
    e.printStackTrace();
}
```

当程序运行遇到异常时，try catch 类才会进入 catch 的异常处理模块，异常处理模块一般是调整 SDK 通用的函数，不会出现问题，因此不需要特别构造异常条件来覆盖此类代码，运行 try 的程序代码模块即可，风险可控。

2. 日志类

示例：

```
switch(i)
{
case NUM1:
System.out.println(1);
break;
case NUM2:
System.out.println(2);
break;
default:
System.out.println("default");
break;
}
```

如上所示，日志类代码一般是调系统 API 输出信息日志，不会出问题，不需要所有的日志代码均运行过。此类代码选择性执行部分路径即可，风险可控。

3. 空指针判断

```
if (!m_bInit)
    {
        return FALSE;
    }
```

如上所示，m_bInit 是一个指针，这段代码是当该指针为空的一个异常处理逻辑，异常处理的内容也比较简单，就是直接返回，指针为空的逻辑非白盒测试很难进入，故在只有黑盒测试用例的时候，可以不覆盖，风险可控。

4. 其他风险可控的不覆盖类型

小宇在实践中还积累了下面几个不覆盖也风险可控的代码类型：

❑ 预埋逻辑：本次没有任何功能表现，只是为了长远考虑预埋的代码逻辑，这部分代码黑盒覆盖不到，对本次业务发布质量无影响，故风险可控；

❑ 冗余代码：这部分是历史遗留的冗余代码，没有任何功能可以进入，也可以不覆盖；

❑ 尚未使用的公共库代码：这部分代码也是从全局考虑预设的代码，有可能很快被其他人使用，但对本次业务发布质量影响不大，可以考虑使用接口测试等手段来覆盖验证，不影响本次业务发布。

第 5 节　代码覆盖率工具原理揭秘

覆盖率工具很快推广到整个测试组使用，大家赞不绝口，同时又很想深度了解一下这个工具的原理，于是小宇找了个机会请彪哥给大家分享覆盖率工具的原理，彪哥很爽快地答应了。

彪哥先是给大家讲了下整个系统的模块结构，详情如图 5-3 所示。

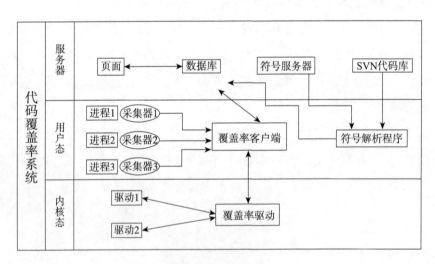

图 5-3　系统模块

然后讲了下覆盖率感知进程启动的原理，如图 5-4 所示。

接着详细讲述了采集器的原理：

❑ 建立调试会话；

❑ 处理调试事件；

❑ 设置采集桩；

❑ 断点命中，记录覆盖信息；

❑ 上报覆盖信息。

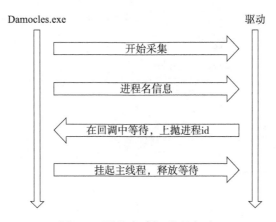

图 5-4　覆盖率感知进程启动

覆盖率采集工具本质上来说是一个调试器，通过和被采集进程建立调试会话进行插桩和覆盖数据的采集。首先，我们通过对 pdb 的解析获取被采集模块的每一个有效代码行的相对偏移地址。然后，当调试器（采集器）接收到被采集模块载入的调试事件后，在相应的地址处设置断点（将对应字节修改为 0xcc，即 INT 3 指令）。最后，当程序执行到对应的语句时，将会触发断点，调试器恢复断点的同时，记录该行语句的覆盖情况。以上就是覆盖率采集的一个基本流程。

然后彪哥给大家分享了"差异提测"的计算方法，如图 5-5 所示。

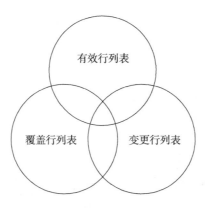

图 5-5　"差异提测"的计算方法

接着给大家分享了"跨版本覆盖结果的合并"的计算方法，如图 5-6 所示。

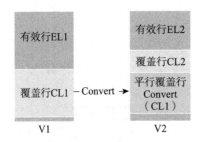

· 覆盖率＝覆盖行/有效行
· 合并覆盖率＝（平移覆盖行U当次覆盖行）/有效行

图 5-6　"跨版本覆盖结果的合并"的计算方法

在每个迭代的测试过程中，一个需求往往需要经过多个安装包的迭代才能稳定，但是测试过程的覆盖数据希望能够在多个安装包间得到继承。这就需要我们对多个版本间的覆盖数据进行平移和合并。但是，在多版本间代码的变更对于我们来说是一个变数，在数据平移的过程中，不得不考虑代码变更所引起的偏差。我们使用下述平移算法进行代码的平移。

代码行平移算法如图 5-7 和图 5-8 所示。

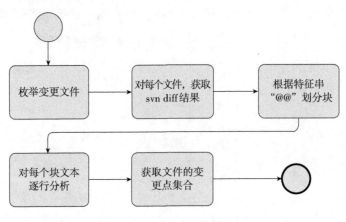

图 5-7　代码行平移算法 1

又是一个满天星星的夜晚，彪哥和陈导走出公司大门，望着漫天星斗和薄薄的雾，不由感叹道："明天又是一个好天气啊！"

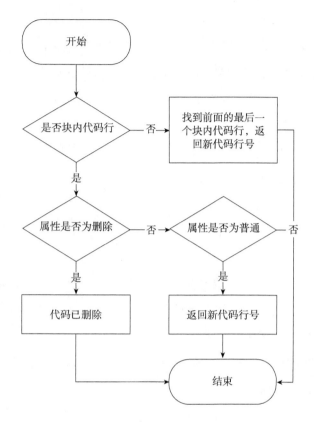

图 5-8　代码行平移算法 2

"对哦，明天我要去东西冲穿越！"

小宇和彪哥又闲扯了一通，各自回家去。

次晨，天刚蒙蒙亮，小宇便爬了起来，匆匆收拾一番，穿上登山鞋，背上准备好的穿越装备就出了门，与哥们刚子会合。

一路上，刚子不停地与小宇瞎侃着他近来的见闻，夸耀着他又结交了新的女朋友，小宇有一搭没一搭地回应着，此时他的心已经飞向向往已久的那片海。

早上 10 点整，乘坐的专线巴士准时停靠在了穿越的起点。翻过一座小山，一片湛蓝的海水映入眼帘，小宇兴奋地大叫起来："大海，我来了！"一边叫一边向海的方向跑去，像个孩子一样。"这里的景色还真美，今天算是来对了！"

"是的，这可是中国十大最美徒步线路之一呢。"刚子说着，走到了前面带路。

他们就这样一路慢慢走着，边走边欣赏这"山亦海，海亦山"的无敌美景。

不知不觉走到了一处异常陡峭的下滑坡处，他们依次抓着绳索艰难地下到了坡底，正准备继续前行时，突然听到后面有一个温柔的女声："帅哥，能帮个忙吗？"

小宇回头望去，坡顶有一个扎着马尾的女孩子正望向他这边。

"帅哥，这个下坡我有点怕，能用你的脚帮我做个支撑吗？"那女孩继续说道。

"当然没问题！"小宇用非常肯定的语气答道，说着他便拉着绳索开始往上走。

"谢谢你！"女孩拉着绳索，踩着他的脚，慢慢往下走。就这样，他们一步一挪地终于慢慢走到了坡底。

"真的非常谢谢你！要不是你，我还真不知道怎么下来呢。"女孩面带微笑，抖了抖身上的泥土。

"不客气。"小宇这时认真地打量了一下女孩，只见她秀丽的脸庞上一双大眼睛好似一泓秋水，侧扎的高马尾十分俏皮可爱，一身淡蓝色的运动装衬出苗条的身材，显得干净利落。看着看着，竟有些呆了。

"你好，我叫 Lily，现在在一家培训机构做英语培训老师。"女孩似乎发现了小宇在看她，害羞地自我介绍道。

"你好，我叫小宇，是一名软件工程师，俗称码农，现在在科技园一家互联网公司做测试。"小宇赶紧收起了目光，回应道。

这时候，刚子凑了上来："美女，怎么一个人呢？"

"我跟朋友们走散了。"Lily 有点失落。

"那跟我们一起吧，有我们的大英雄小宇在，不用怕。"刚子又开始开起了玩笑。

"刚子，别闹。Lily，那就跟我们一起吧，我们人多，也好有个照应。"小宇也上前邀请到。

"好呀，好呀，谢谢你们！"Lily 脸上失落的表情慢慢消失了。

于是，他们开始结伴继续前行。一路上，他们谈笑风生，虽然路途艰险，但浩瀚辽阔的大海、细软的沙滩、洁白的浪花和壮观的礁石让时间跑得飞快。

下午 3 点，他们如期抵达了穿越的终点。

此时，刚子推了小宇一把："美女就要走了，你不去要个联系方式吗？"

小宇害羞地走上前说："Lily，那……路上拍的合照如何发给你呢？"

"那加下微信吧。" Lily 拿出了手机，打开了微信。

"认识你真的很开心，以后常联系哟！"互加微信后，小宇还是有些害羞，不敢抬头看 Lily。

"嗯，以后常联系。那我走了哟，拜拜！" Lily 说完朝小宇挥了挥手，便转身朝她朋友那边走去了。

"拜拜！"小宇也挥了挥手，一直望着 Lily 离去的方向。

回到家，这一夜，小宇睡得特别甜。

Chapter 6 第6章

精准测试第四式：知识库

第1节　beta 猫的启发

腾小宇手工精准测试分析运用得非常顺畅，工作也做得游刃有余。某天，突然右下角新闻弹框"beta 猫战胜顶级职业棋手，成为第一个不借助让子而击败围棋职业九段棋士的电脑围棋程序"。人工智能如此厉害，都会智能下围棋了，那是不是说机器也可以学习测试分析，自动推荐测试用例？小宇越想越兴奋，按捺不住兴奋，开始搜索各种"用例预分析"。网上几乎无相关资料。

"某段代码逻辑，机器本身不知它的功能用例，需要人告诉它。"腾小宇嘀咕着并且手上拿着笔开始记录。

"测试人员设计的功能用例是基于产品功能和特性出发，天然和代码能一对一匹配，中间会存在误差。"

"白盒代码的覆盖映射到功能用例，项目复杂，代码量大，调用关系千奇百怪，如何去建立两者之间的关联？"腾小宇陷入深思，无数个疑问在脑子打转。理想很丰满，现实很骨感。时间不知不觉到中午了，腾小宇起身去吃饭，走到在电梯口碰见了陈导。

"陈导，你也去吃饭？"

"是啊，小宇一起去。"食堂还是一如既往的人多，耳边都是谈话的声音。

"陈导，你觉得用例预分析怎么样？"

"什么是用例预分析？"陈导疑惑着。

"当代码发生变更时，机器自动化测试分析，并推荐测试用例集。"

"想法不错，可以先预研，要实现用例预分析，前提是代码和用例有对应关系，代码变更时，才能查找推荐的用例，所以重点是建设用例和代码的关系，有点类似于知识库的概念。"陈导娓娓道来，脸上露出兴奋的表情。

"是哦，确实，知识库如何建设呢？上午思路就在这里卡住了。"腾小宇眼神迷茫地望着陈导。

"前面你不是做了差异化测分吗，对代码有些理解，可以再去挖掘一下，有什么疑问点可以拉我一起讨论。"陈导用很支持的语气对小宇说。

饭后，小宇回到位置上拿起手机，更新下朋友圈，熟悉的头像出现在他的面前，这不是之前认识的 Lily 吗。点开一看，"生病了，有点难受"。腾小宇想起上次与 Lily 见面的好感，手不自觉开始发微信给 Lily。

"Lily，你好，我是腾小宇，你生病了吗？好点没？有买药吗？"一连几个问号，小宇心想我是不是太心急了。

"谢谢，吃了些药，好多了。"

"心里难受吧，要不我给你讲个笑话吧。"小宇打趣地说道，其实小宇本身也不太会讲笑话，话已说出口，只能现场边学边讲，二话不说网上搜索。

"有只北极熊，生活在北极，就只有这一只，它觉得很无聊，于是它就开始拔自己的毛。一根 两根 三根…，拔着拔着，没多久就拔完了。"小宇一本正经的说着，微信那头收到了 Lily 的鲜花和笑脸。时间慢慢在微信消息中流逝，空气中充满着一股暧昧的味道。

第 2 节　连接代码和用例

小宇想起要建设用例预分析（自动化测试分析），开始画流程图，如图 6-1 所示。

❑ 输入：变更的代码

❑ 用例预分析：知识库 -> 查找变更对应代码 -> 函数对应用例

❑ 输出：推荐测试的用例

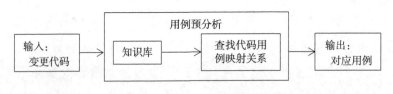

图 6-1　用例预分析流程图

"手工与自动测分差别是知识库，知识库是用例和代码之间的关系，那这两者关系如何建设"。大难题猛然扑过来，小宇彻底蒙圈了。

"先不管这里，我先梳理这两者的组织形式。"小宇心里说。

每个项目都有产品用例树，通用的都是如下：

❑ 模块

　○ 子模块

　　● 功能

　　　• 子功能

　　　　· 用例

　　　　· 用例

　　　　· 用例

❑ 代码组织格式，通用如下：

　　○ 模块：可执行文件。例如 windows 平台（exe/dll 库）

　　○ 文件：对应的 .cpp 文件（c++）、.java 文件（java）

　　○ 类：类的方法（函数）和属性

　　○ 行：代码行

　　○ 覆盖：条件 / 判定 / 路径分支

"两者互相匹配会怎么样，我先建立一对一的匹配吧。"腾小宇一对一勾兑起来。分别是模块与用例、文件与用例、函数与用例、代码段（行 / 条件 / 判定路径）与用例。模块和用例的关联如图 6-2 所示。

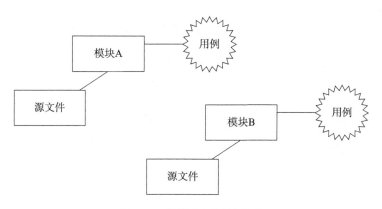

图 6-2　模块和用例的关联

先建设源文件和模块匹配，再把模块和用例的匹配。一旦对应的源文件发生了更改，则需要运行对应模块的用例。

这种方法的不足之处是，首先一个模块可能关联了大量的用例，其次模块之间也存在调用关系，比如模块 A 可能会影响模块 B，那么模块 B 的用例是否也需要测试呢？

结论：这种粒度非常粗，一个模块少量的变更会推荐大量的冗余用例。

文件和用例的关联，如图 6-3 所示。

同理，这种方法的粒度比上面一种小，当然精度也更高。

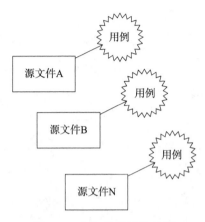

图 6-3　文件和用例的关联

类 / 方法 / 函数和用例的关联如图 6-4 所示。

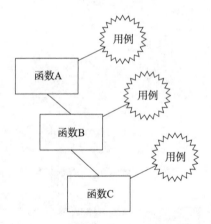

图 6-4　类 / 方法 / 函数和用例的关联

这种方法关联，可将推荐范围缩小到函数级别，当函数发生变更，直接推荐影响的用例。

随着粒度的变细，需关联的数量呈指数级增长，另外在技术上难度会更大。考虑投入产出比，用例与函数关联是比较合理的一个选择。经过一上午的分析，腾小宇将自己的想法写了封邮件发给了小组内部。没多久，莎姐来到小宇位置上。

"小宇，你那个想法很不错，业界也正在往这个方面迈进，这也是一个很好的方向。"莎姐用肯定的语气说着。

"现只是初步的想法，但是函数与用例的对应关系，还不知如何获取，这里遇到困难。"小宇回复到。

"建议你找下我们的大牛，彪哥，去了解这里的细节，输出一个完整方案来。"

腾小宇心想，大家都很认可这个方向，说明这个事还是很有价值。像打了鸡血一样，腾小宇立马与彪哥预约了时间进行了讨论。

第 3 节　函数调用链动态获取

"彪哥，我最近在研究函数与用例的对应关系，想能自动获取到，但还不知道该如何入手？彪哥有啥建议？"小宇开门见山抛出问题。

"函数和用例建立关系啊，一个用例的执行从代码层次来看，可以看作一个函数调用链。那如果能在执行的用例和对应的函数调用链上建立关联关系就可以了！"彪哥微笑道。"刚好我最近研究动态获取函数调用链的方案基本成形了，正要和你们说呢！"

"要获取函数的调用关系，无疑需要插桩。现行主流的获取函数调用关系的方式是程序插桩。"彪哥徐徐说来。

"那什么是程序插桩？"小宇面露疑惑地问道。

"它在保证被测程序原有逻辑完整性的基础上，在程序中插入批量的探针，通过探针的执行并抛出程序运行的特征数据，通过对这些数据的分析，可以获得程序的控制流和数据流信息（如函数调用链数据），从而实现测试目的。插桩有以下几种方式。"彪哥边说边写着。

1）源代码插桩，如图 6-5 所示。

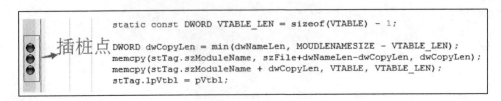

图 6-5　源代码插桩

源代码插桩是在源文件的基础上，通过编译的方式将探针插入到源代码行中。在业界比较成熟的源代码插桩工具有 GCT 等。

2）中间代码插桩，如图 6-6 所示。

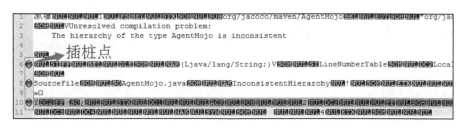

图 6-6　中间代码插桩

中间代码含义：如 Java 源码编译后生成的 .class 字节码文件，就是一种类型的中间代码文件。将探针插入到这个文件中，称为中间代码插桩。业界比较成熟的中间代码插桩工具有 Jacoco、Emma 等。

3）二进制代码插桩，如图 6-7 所示。

```
.text:18088B17          push    ecx         ; Code
.text:18088B18          call    ds:
.text:18088B1E ; -----------------------
.text:18088B1E
.text:18088B1E loc_18088B1E:              ; CODE XREF: _main+46↑j
.text:18088B1E                            ; _main+61↑j
.text:18088B1E          call    sub_1805D060
.text:18088B23          mov     edi, 1
.text:18088B28          xor     bl, bl
.text:18088B2A          mov     [esp+28h+var_15], 0
.text:18088B2F          cmp     dword_180DA12C, edi
.text:18088B35          jle     loc_18088BDC
.text:18088B3B          jmp     short loc_18088B40
```

图 6-7　二进制代码插桩

二进制代码插桩是对程序真正运行的目标文件进行探针插入的操作，业界比较成熟的二进制插桩工具有 XDebug 等。

我们从二个维度比较上述几种插桩方式的优缺点。

插桩方式的调查，详见表 6-1 所示。

表 6-1　插桩方式的优缺点

插 桩 方 式	易 用 性	性 能 开 销
源代码插桩	低	中
中间代码插桩	中	中
二进制代码插桩	高	中

"从表 6-1 中我们可以知道二进制插桩在易用性、性能方面都相对优于其他两种方式"。彪哥在白板上行云流水般画着。

"结合我们项目，二进制插桩是可行的方案。"

"彪哥真是老司机，我大概知道原理了，谢谢彪哥。那如何获取函数调用链呢？"

"嗯，这是通过二进制插桩的方式来动态获取函数调用关系链的方式。"彪哥胸有成竹地说着。

"我们知道在代码调试的时候，需要对代码进行下断点。这样，当代码运行到这个断点的时候，程序就会暂停，等待用户的恢复执行。若是我们能够将调试过程中的下断与中断恢复过程自动化，那么我们是不是就可以获取运行时的特征数据。"彪哥兴奋地说着。

"那么在什么地方下断可以简便地获取函数的调用关系呢？"小宇问。

"这个问题很好，其实汇编语言中有两种调用函数的指令。call 指令是最主要的函数调用的方式。jump 指令主要用于地址的跳转"。

那么什么情况下 jump 用于函数地址的跳转呢？如果某函数的最后一项操作是调用另一个函数，就有可能因为"尾调用优化"[⊖]技术，编译器会生成跳转至另一个函数所需的 jump 指令。只有当某函数最后一个操作是调用其他函数而不需要返回值，才能执行"尾调用优化"。

"那我们只要从二进制指令中查找 call 指令，以及用于函数地址跳转的 jump 指令就可以获取函数的调用关系了。"小宇兴奋地说着。

经过与彪哥的讨论和梳理，腾小宇将整个精准自动化测分方案发给组内，并且抄送给了莎姐。

真好，大的方向已有，奖励自己今天不加班，腾小宇心里美滋滋的。

到了下班时间了，腾小宇准时坐公交回家，下车沿着路灯一个人走回家，看着旁边的三三两两对情侣，未免有些小失落。不知 Lily 怎么样了？腾小宇再次联络 Lily，发了消息给 Lily，两个人互相述说着最近工作和生活情况，腾小宇越来越

⊖ 尾调用优化：编译器会生成跳转至另一个函数所需的指令码，而且不会向调用堆栈中推入新的栈帧。

觉得 Lily 是一个不错的女孩，可是他还是缺乏自信。

第二天，"小宇你的方案我看了，上午我们拉取相关人员一起讨论下，你订个会议室吧。"莎姐说。

"好的，那等下 10:00 在 1312 开始讨论。"小宇答复。

会议准时开始，腾小宇将用例预分析的背景进行大概介绍。大家对于方案都是认可的状态。现在要讨论接下来做的事情。首先是如何设计一个采集函数调用链的工具，暂时叫它采集器。

"采集器的工作原理，这部分彪哥来说一下吧。"

"采集器是动态获取函数调用关系链，采集工具所需的操作步骤来看这里。"彪哥一边说一边画了起来，如图 6-8 所示。

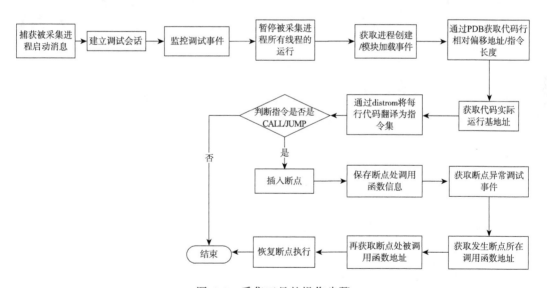

图 6-8　采集工具的操作步骤

1）建立调试会话。

2）对需要获取动态函数调用关系链的模块进行下断。

3）下断的点选择为 call 指令、jump 跳转函数地址指令。

4）监控调试事件。

5）获取断点事件，保存特征数据信息。

6）恢复断点执行。

"通过上面的步骤我们就可以获取动态函数的调用关系。那么当用例开始执行的时候，自然就可以将运行的函数与其进行关联。这样知识库中用例与函数的关联关系就建立了起来。"彪哥讲完后，大家就开始纷纷讨论。

经过一上午的激烈讨论。基本事项已确定，腾小宇把采集器的设计、实现、联调、验收工作进行详细的分工。

第 4 节　知识库采集与安家

经过几天的奋斗，彪哥拉了小宇、陈导一起商讨采集器用户交互设计与 DB 设计内容。

"我先跟大家讲解一下采集器用户交互的操作，大家看一下面这张图"，彪哥说道。如图 6-9 所示。

图 6-9　采集器用户交互

"通过上面这张图，我们可以将采集用例的步骤分为以下几步进行：

1）首先我们在工具中输入用例的 ID。

2）然后点击开始采集按钮。

3）切换到需要采集的进程，执行用例的操作。

4）采集工具会自动地将用例操作步骤关联的函数及其调用关系链捕获。

5）当用例操作步骤完成后，点击工具的结束采集按钮，完成本次用例的采集。

6）文本方式保存本次用例采集到的函数及其调用关系链，反复前面五步采集不同用例。

7）将第 6 步的数据录入到数据库。"

"通过上面的步骤，我们将用例关联的函数调用链数据捕获之后，如何保存这些数据？"陈导接着问道。

"陈导果然是老司机，一问就直指核心。"

"我们使用一个总表记录了用例与函数基础原始信息、函数调用链三者之间的关系，结构如下。"彪哥快速走到黑板前画了起来。

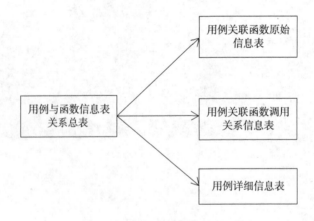

图 6-10　用例与函数信息表关系图

通过上面的图 6-10，我们可以理出用例关联知识库系统中各个表之间的关系，如下所示：

❑ 通过用例与函数信息表关系总表可以查找到用例关联函数原始信息表、用例关联函数调用关系信息表。

❑ 用例关联函数原始信息表通过用例关联函数调用关系信息表，可以查找到
函数的调用关系链。

"通过这些表的关联关系，我们就可以构建出完整的用例关联函数知识库。"彪
哥道。

如下是各个表的详细设计的文档描述：

1）用例与函数信息表关系总表：存储的信息包括用例 ID、用例关联函数原始
信息表表名称、用例关联函数调用关系信息表表名称。其作用是方便地找到用例对
应的所有关联表，如图 6-11 所示。

图 6-11 用例与函数信息表关系总表

2）用例关联函数原始信息表：用于存储用例关联函数的原始详细数据。其作
用是获取函数详实的原始信息，如图 6-12 所示。

图 6-12 用例关联函数原始信息表

3）用例关联函数调用关系信息表：用于存储用例关联的函数对应的函数调用
关系数据。其作用是获取动态函数调用关系数据，如图 6-13 所示。

图 6-13　用例关联函数调用关系信息表

4）用例详细信息表：用于存储用例的详细信息，包括用例名词、用例 ID、用
例所属项目等信息。其作用是展示用例的详实数据，如图 6-14 所示。

图 6-14　用例详细信息表

"嗯，经过彪哥这番讲解我大致明白了知识库是如何存储用例与函数之间的关
系的。"小宇高兴地说。

"嗯，方案可行，彪哥你就安排时间抓紧实现吧。"陈导说道。

"好，我就按这个方案着手开发的事宜。"

经过一个月的开发，采集器功能已基本完成。当小宇与彪哥第一次将用例
采集完，看到前台展示的函数调用链数据。那心里是美滋滋的，跟喝了蜜一样的
感觉。

"小宇，为了庆祝采集器工作的完成，组内准备中午聚餐，中午一起去吃饭

吧。"陈导走过来说道。

吃饭时，大家边吃边说，气氛热烈。

"公司有联谊活动，腾小宇可以去参加下！"突然不知道谁说。

"小宇是不是有对象了，有对象就要追啊！"陈导强调的语气说着。

"年轻人就要有勇气，先迈出第一步，成不成看后面。"紧接着，大家开始陆续八卦腾小宇，各种支招。饭后，腾小宇想想确实可以进一步了解下，准备去约Lily。想着工作和爱情即将有个好的开始，心里还有些小激动。

饭后小宇回到了工位上，想着既然知识库的建设已经完工，那么接下来就需要通过相应的试点项目进行用例采集工作了。

精准测试第五式：用例预分析

第1节　探寻价值

知识库经过一段时间的建立已经初具规模，小宇想我们接着可以做用例预分析系统了。他找陈导来讨论系统建设问题。

"陈导，我们的知识库建得差不多了，是不是可以着手建立预分析系统？"

"可以开始前期的规划工作了。"

"那该如何做这个规划工作？"小宇向陈导这个老司机请教。

"要先明确我们系统的核心价值、具体价值点，可以帮助用户做些什么？哪些方面可以提升测试效率和质量。"陈导根据自己以前的项目经验建议道。

"那我们把这些先确认清楚吧！"小宇想了想接着说："用例预分析系统应该是根据版本变更自动分析出需要验证的用例推荐给用户，这些用例除了功能用例外，还包括性能、稳定性用例等。用例清单可以提交给我们执行系统来进行调度。"

"对，用例分析和调度是我们系统的核心价值。还需要确认一下系统的具体价值点。"陈导说。

"确认了具体价值点，在做方案时围绕这些价值点来设计才不会脱离设计方向。"陈导担心小宇不明白，继续补充道。

"好，还是陈导你有经验。"

"那你想想这个系统价值点有哪些？"陈导希望小宇自己能明确下来一个项目要怎么开展。

"首先，我认为我们系统可以当版本变更时自动根据变更函数推荐用例列表，这样可以帮忙确认测试范围，影响范围。"

"那如果不是修改函数，而是增加呢？"怕小宇忽略这种情况，陈导提醒道。

"对于增加的函数需要提醒测试人员去分析和补充用例，防止漏测。"

"嗯，这样可以。"陈导继续说："我们现在一个版本是由多个项目组去实现的，有时一个项目组的改动会影响到另一个项目的实现，这个你觉得我们预分析系统可以分析出来吗？"陈导提出一个困扰测试人员的问题。

"我想，应该可以的。前面我们测试人员使用采集工具采集了各项目的用例，我们后台会记录下跨模块数据调用。这样变更时可以知道影响到了哪个模块。"小宇前面做了采集的工作，所以比较清楚。

"那这样变更时可以提醒测试人员关注。接口变更时也可以识别到吧？"

"可以的，接口变更会自动分析出影响到的接口用例，我们一些接口已经脚本实现了，可以自动调度执行，"小宇继续补充道："接口变更的识别前面已经实现，识别用例不难"。

"不错不错，相信我们这个系统做出来可以提高测试同学的分析效率和质量"，陈导称赞道。

"呵呵，那是！"小宇有点小骄傲。

"你可以去做一个具体的方案，然后找莎姐和彪哥评审下，再确定开发计划。"陈导觉得小宇技术调研和系统目标都比较明确，觉得可以继续做方案细化。

"好！"小宇欣然接受了这个挑战，开始了方案编写工作。

第 2 节　Hi, 这就是用例预分析

小宇忙着编写方案去了。先来了解一下用例预分析的原理吧。

让我们再回到那个再熟悉不过的场景：

开发哥：测试妹子，这个需求开发完了，我马上提交测试。

测试妹子：好嘞，我马上准备测试。

妹子拿到提测版本以后，打开了一个网页，在里面输入了一个版本号：1.6.6666。随着菊花转动，一行行系统推荐的测试用例浮现出来。看到这里，各位读者一定在想，这是科幻电影中的场景吗？其实没那么夸张，我们也可以做到。

现在的开发人员基本都是以需求开发为单位，他们一边写代码，一边周期性地提交到 SVN 或者 git（git 也可以搭建本地服务）。传统模式下，当这个需求开发完成后就提交测试，测试同学按照之前写的用例开始测试。前面讲过，我们已经建立了存量代码和存量测试用例的关联，那么如果我们知道是哪些代码改动了，我们就可以知道哪些用例应该回归。

好了，说到这里，问题的核心变成了如何识别开发的代码改动。聪明的你一定想到了，用工具啊！对了，现在已经有一些工具能支持到了，如图 7-1 所示：SVN diff。

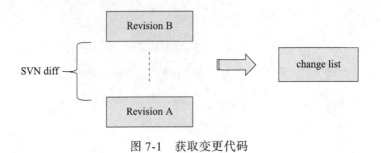

图 7-1　获取变更代码

当通过这个 change list 得到具体的代码改动（行 / 函数），再结合函数和用例映射的知识库，就可以得到推荐的测试用例了！是不是很神奇！这个过程就叫做用例预分析，下面我们来讨论它的原理。

上面讲了整个预分析的过程，我们重点看一下预分析的原理：如何通过代码改动找到用例？

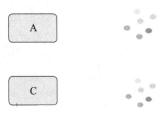

图 7-2　函数和用例关系

图 7-2 中左侧部分代表 change list 中有变更的函数：A 和 C，右侧小圆点代表一些用例。一个函数可能对应多条用例（因为函数里面有些逻辑分支，需要不同的用例来验证）。

当 A 和 C 变更时，他们对应的用例会被直接推荐出来。

但是实际代码中的函数还存在着调用关系，比如 B 调用了 A，D 调用了 C，而 E 调用了 D，我们需要把 B、D、E 关联的用例也推荐出来，如图 7-3 所示。

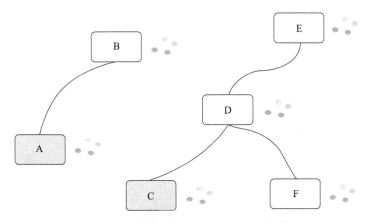

图 7-3　存在函数调用关系的变更函数

这是预分析的基本原理，如果要达到用例推荐效率高还有好些事要做。

第 3 节　拿出落地方案来

小宇做方案时发现落地方案很复杂，涉及架构设计、逻辑策略设计、界面设计、邮件设计等。为了做好这份设计，他不只很晚下班，周末也经常加班。努力多日终于把方案编写好了，拉陈导、彪哥、莎姐评审。

"小宇，我们根据变更来推荐用例，你是怎么确认有效变更的？不要说开发加个注释，调整函数位置，加个空行也给测试推荐用例，这样会浪费测试时间的。"评审过程中莎姐提出一个疑问。

"不会的，我们彪哥研发的变更对比技术会排除这些情况，我们会确认是真实有效的代码变更才会推荐用例出来。"小宇肯定地说。

"这就好。"

评审时大家给小宇提了不少建议。

方案评审结束后，小宇根据大家评审意见进行了完善，彪哥也开始了后台开发设计、数据库设计。

此时，大家对"方案设计"是不是挺好奇？方案在设计时主要是明确系统主要架构，在细节设计时围绕用例预分析的四个价值点：有效变更、变更的用例、接口变更的用例、边界耦合的用例。下面，来了解一下吧。

1. 变更分析

当代码文件发生变更，如果用 SVN 对比，对一些无效变更情况（如死代码、空行、函数变换位置），SVN 会认为其发生变更，但是通过二进制对比方式可以判断出有效的变更。然而二进制包重编是否需要重测呢？从单一的 SVN 的变更，很

第 7 章　精准测试第五式：用例预分析 ❖ 115

难确认二进制一定就发生变化。因为有些代码本身就是无效代码，没有被调用的死代码，这种代码的变化对二进制是没有影响的。

但是另一方面，二进制自身的变化也很难确认源代码发生了变化。因为编译器优化的原因，有可能导致同一段源代码编译出不同的二进制。

在这里我们发现一个有趣的现象：

1）SVN 最懂得源代码，这是它的领域。

2）二进制变更最懂得二进制指令，这是它的领域。

它们又有自己领域内无法绕过的马奇诺防线：

1）SVN diff 如何明确源代码的变化一定会使得二进制发生变化？

2）二进制变更算法如何规避编译器的优化对二进制的影响？

通过上面的罗列我们发现，两者之间本身最擅长的其实都是对方的弱项，它们之间是否可以结合起来？看图 7-4。

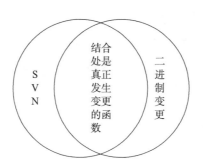

图 7-4　获取真正变更的函数

SVN diff 与二进制变更的结合处才是代码发生变化的真正地方，结合处两侧的情况是这样的：

1）SVN 未被包含的部分是无效代码的变更，因为未引起二进制的变化。

2）二进制变更未包含的部分是无效的二进制代码变化，因为对应的源码并未发生变化。

通过上面的方式我们就可以精准获得变更的函数，即真正发生变化的地方。

2. 由变更函数到变更用例

当我们完成了对变更的分析之后，就会得到变更函数集合。我们就可以拿着这个变更函数的集合到用例知识库中查找对应的用例集合。我们可以通过用例关联函数过滤映射中的字段 function_key 查找到对应的用例 ID，再拿着用例 ID 到用例详细信息表中查询用例的详情。

上面就是预分析获取用例的详细步骤。其实得到需要测试的用例就是这么简单，只需要我们有一份完整的知识库，一切都是这么顺理成章。

若是拿到这份用例预分析的结果进行测试，会出现什么问题？请读者仔细思考。

3. 变更接口和边界耦合关系

在系统中存在一些接口调用，这些接口可能是开发专门编写的一些公共接口供各项目调用，也可能是各项目之间的一些耦合接口。一般当公共接口变更时可能对各项目都有影响，而项目之间的耦合接口的变更也可能对相关项目造成影响。所以当接口发生变更时系统需要识别并且通知到测试，对于已经自动化脚本实现的接口可以直接通知脚本运行。

下面描述我们用例预分析系统的主要工作流程，如图 7-5 所示。

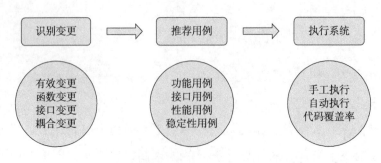

图 7-5　用例预分析工作流程

用例预分析系统架构图如图 7-6 所示。

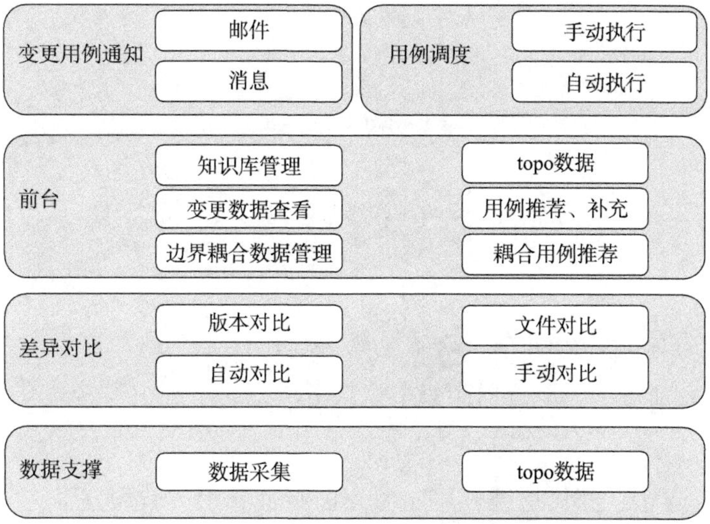
变更用例通知
邮件
消息
用例调度
手动执行
自动执行
前台
知识库管理
变更数据查看
边界耦合数据管理
topo数据
用例推荐、补充
耦合用例推荐
差异对比
版本对比
自动对比
文件对比
手动对比
数据支撑
数据采集
topo数据

图 7-6　用例预分析架构

第 4 节　累死姐的节奏

彪哥这边好给力，很快也完成了系统详细设计，并且开始排期开发了，小宇终于不需要整日加班了。下班回到家中休息下来，小宇心中很希望有一个人能分享他的喜悦。

"最近工作太忙，都只是周日才能和 Lily 见面，明天就周五了，不知道 Lily 有没有时间，晚上一起吃顿大餐，哈哈。"小宇心想。按捺不住心中的小鹿乱撞，小宇打通了 Lily 的电话，电话那边传来了 Lily 甜美的声音，Lily 关切地询问小宇今天忙不忙，并嘱咐小宇再忙也要注意休息，小宇心里乐开了花，竟感动得不知道说什么。

"Lily，明天晚上我们去海岸城吃饭吧！"小宇有点突兀地说。

"嗯，吃大餐好啊，可是我明天要完成一份汇报材料，现在还不确定时间，怎么办呢？"Lily 想去吃大餐，可是又担心报告写不完。

"没事，你先忙，我们周六吃也一样的。周六下午时间 OK 吗？吃完饭我们可以去深圳湾散步，那里风景挺好，周六天气应该挺凉爽。"小宇想约 Lily 好好吃一顿饭，一起转转，增进感情。

"嗯，那就周六吧。"Lily 爽快地答应了，"到时我们电话联系啊。"

结束通话后，小宇心中雀跃，开始期待起周六的约会。

终于结束了一周的辛苦工作，小宇和 Lily 周六痛快地玩了一天，小宇在约会中尽量表现的热情、体贴、周到。Lily 对小宇好感也加深了。

经过一段时间的开发，系统终于上线了。试点项目的测试姐都试用了起来。

一位测试姐开心地拿到了用例预分析的结果，与她人工分析的结果对比了一下，发现有些函数推荐了好多用例，个别函数对应的用例高达一百条，这要是测试执行起来真是要累死姐的节奏啊！当即姐就不淡定了，去找小宇沟通。

"腾小宇，这预分析系统怎么回事，给我推荐了那么多用例，让人咋执行？"

"啊？什么意思？你打开页面我看看。"小宇听到测试姐的抱怨一时有点儿懵。

测试姐迅速打开系统用例推荐页面，指给小宇看："你看看，这个 querystatus 函数开发就修改了里面一个逻辑，系统推荐给我了 20 个用例！"测试姐继续指了一下屏幕说："还有这个函数 inserttable，开发也只是修改了里面一个 switch case 分支逻辑，结果给我推荐了这个函数的所有用例！"

"好，姐，你提的问题我先记录和确认一下，然后反馈给你。"

测试姐离开后，小宇就去分析这个问题了。这个问题其实当时在开发系统前就有预料，因为我们的分析系统粒度是到函数级。通过测试姐的反馈，看来问题还是很明显的，需要想办法解决才行。

过一会，又有个测试姐找小宇反馈问题："小宇，你看这个函数 OnAttack，这个函数逻辑简单，正常是推荐一两条用例就够了，但是推荐了几条跟这个函数无关的用例。"

"好，姐，我看下。"

"还有这个函数，推荐少了，应该推荐我四条，但是现在只有一条。"

"怎么会这样呢？奇怪啊！我确认下。姐，你先继续忙，我确认清楚反馈你。"

系统上线 3 天，小宇陆续收到测试同事对于用例推荐的一些问题反馈，主要是三个问题：

❑ 函数修改推荐用例比预期的多。

❑ 函数修改推荐用例比预期的少。

❑ 修改函数内部分支逻辑但是推荐了这个函数所有的用例。

针对这几个问题小宇加班加点分析原因，并与彪哥进行技术沟通。

小宇后面有没有解决问题，给出了怎样的解决方案？且听下章分解。

Chapter 8 第 8 章

精准测试第六式：知识库的优化

第 1 节　要开始填坑了

测试姐提出的问题是小宇建立知识库时没有考虑到的坑，现在要回过头来逐一填上。小宇找到陈导和彪哥来讨论用例预分析推荐用例过多的问题。

"陈导、彪哥，用例预分析系统根据函数变更推荐出来的测试用例太多，导致我们测试同事回归成本很大。"小宇提出现在的问题。

"对一些很熟悉业务和实现的同事而言，他们觉得推荐的用例还要再筛选一遍，不如自己通过 SVN diff 查看代码变更、选择相应的测试用例去执行更节省时间。"小宇继续补充到。

"是啊！这样我们的精准系统就成为测试同学的累赘了。"彪哥叹道。

"那我们回过头来看一下我们建立知识库的思路是否有问题，如果建立函数与用例关系的这个思路是 OK 的，那么，是不是我们在实际关联的时候，没有考虑到哪些因素呢？"陈导说。

"测试用例执行过程中，通过下断点拿到 call 指令、jump 指令的地址，获取到的函数调用链是肯定不会有问题，所以思路肯定是对的。"彪哥喃喃自语。

"可能是我们建立函数和用例关系的时候，没有考虑到各级调用和被调函数之间的复杂关系，还有函数内部的逻辑复杂度，这些关系对知识库建立产生的影响。因为这两种关系越复杂，就会导致用例执行时关联的函数越多，并且多条用例会关联到相同的函数，即关联度成指数量级增加，也就出现了现在的问题——函数关联的用例太多。"陈导提出。

"应该就是这样，陈导，你太给力了！"彪哥对陈导的佩服溢于言表。

"跟着大牛们学习！"小宇也茅塞顿开。

"小宇，你来梳理下现在函数和用例关系里面的冗余点，我们接下来重点是去除冗余、优化知识库。"陈导对小宇说。

"好，我尽快完成。"小宇三步并作两步回到自己的座位，开始整理函数和用例的几类关系。初步整理的结论如下。

用例是针对该函数编写的，用例与函数的分支内容息息相关，回归测试的时候，需要覆盖当前分支，但并不需要将该分支的重复用例都覆盖到，不重复的用例又分为两种：

1）用例和函数的某一分支对应，但是当前分支的代码改动后，用例与这个修改的函数分支关系已经无效，这一部分无效测试用例应该删除；

2）函数改动后，和其改动分支对应的测试用例仍然有效且必须执行，才是应该与函数关联的用例。

其中，2）的关系是必要的函数与用例的关系，当函数改动时，这一类用例被推荐出来，才是精准测试。

小宇理清了函数和用例的关系，也确定了要清理的冗余对象。但是新的问题出现了：如何清理掉原有的冗余关系？"难道要手工解除所有冗余用例关系吗？那后续用工具采集的关系，也要手动进行解除操作。"小宇随即就否定了这个想法。

小宇盯着电脑屏幕，脑中一片空白，"怎么去除无关、非关键的函数与用例关系呢？"小宇反复地问自己。

"小宇，下班没？再忙也要注意休息啊"是 Lily 的微信消息。

小宇看到 Lily 的消息，心头有股暖意，但是自己还在忙，"业务上有个难点，还在忙，你也注意休息。"小宇回复。

"那你先工作，回头再说。"Lily 回道。

"哦，好。"小宇又陷入了思考中。

已经快晚上 11 点了，小宇有点懊恼自己还是没有可行的方案，只能先回家，明天继续。

"要是能重来，我要选李白。"一阵电话铃声。小宇看了眼电话，是 Lily。

"Lily，怎么了？"小宇问。

"你在忙什么呢？我一直在等你消息。"Lily 有点抱怨。

"我在忙工作，不好意思啊。"小宇不怎么走心地解释道。

"哦，没事，那挂了吧。"Lily 有点生气，说完后就挂了电话。

小宇没意识到 Lily 有点小生气，他也没多想，便匆匆地收拾完东西，拖着疲惫的身心回家了。

第2节　函数相同分支用例请走开

次日一大早，小宇便找彪哥和陈导讨论工作："陈导，彪哥，我昨天把函数与用例关系梳理好了，你们 review 下！"小宇迫不及待的说道。

"分析得很清楚，也很完善。"陈导拿着小宇打印好的资料边看边说。

"对，没问题。"彪哥也赞同。

"虽然函数和用例的关系理清楚了，但是对于如何清理，我还没有想好思路。"小宇有点气馁。

"从复杂的关系中筛选出最主要的关系，确实是个难题。"陈导说。

"我在想，如果函数内部逻辑很复杂，那与它相关的测试用例就越多，这一点不克服也不行。"小宇说。

"是不是可以从函数的角度出发分析，对该函数只关联一个最精简的测试用例集，把现有函数对应的测试用例集最小化，去掉重复，留一个最小的用例集合。"陈导提出从函数方面进行优化。

"如果可行的话，就能优化掉大部分冗余的关系了。"小宇心里的大石头好像快要落地了。

"好，给我两天时间，我研究一下用什么方法保证函数对应的用例集合最小化。"彪哥立下了军令状。

"好，彪哥有结论后及时知会我们。"陈导说。

彪哥边走边回想刚才讨论的思路，回到座位后，快速整理了一下：从函数的角度来看，可以理解为是从广度视角分析的。比如以函数 A 为中心，将视角聚焦在函数 A 与其子函数之间，站在函数 A 的角度，对其子函数是主动的调用，而子函数之间是平等的兄弟节点的关系，它是横向的广度。如同在一棵树中分布的叶子，如图 8-1 所示，将一个函数的调用想象成有分支有叶子的树形图。

图 8-1　函数调用关系树形图

树的分支代表函数分支，树的叶子代表函数调用的子函数。从图中可以明确的一点是，不管这个函数 A 有多复杂，它的分支个数总是一个可估算的定值，图 8-1 函数 A 就有三个分支。假设有 6 个用例均调用了函数 A，这种情形下，有可能发生 3 个用例分别对应调用函数 A 的三个分支，其他三个用例也只是重复走了其中一个已被覆盖过的分支。

现在需要做的就是将每一条路径分支进行唯一标识，做到每一个函数的路径分支与用例的关系进行标记，对于已有用例关联的函数路径分支进行去重。这样就可以将上面的 6 个用例去掉其中的三个，剩下三个就是我们需要的最小的用例集合。

彪哥整理完，开始研究解决方案。

第 3 节　hash 标识分支

两天后，彪哥带着自己的解决方案找陈导和小宇，胸有成竹地说："技术上，从函数角度可以实现的。"

"彪哥 V5！"小宇竖起大拇指。

"阿彪给力！"陈导也赞叹道。

"从函数角度，要先对函数内部的路径分支做标记，然后从各路径分支抽出一条用例，组合出来的集合就是该函数的最小用例集，这里为了确保唯一性，使用 hash 标识。"彪哥耐心地解释道。

"那接下来就靠彪哥，在技术上实现了。"陈导望向彪哥。

"好。"彪哥信心满满。

"彪哥，你刚才说的思路我明白了，但是我还是不知道具体是怎么实现的。"小宇提出自己还没有完全明白。

"具体实现，我稍后会输出方案文档，你一看就明白了。"彪哥回复道。

"好。"小宇后来拿到彪哥的方案文档，如下所示。

1. 如何对函数路径分支进行标记

要得到用例执行过程中的路径分支数据，需要用例采集工具支持分支插桩的方式。只有得到分支插桩的地址数据，才可以在解析出用例具体执行的函数路径分支，然后将用例与函数路径分支进行关联。

那么如何对分支地址进行插桩呢？需要在程序加载的过程中挂起进程，然后解析进程中每一个模块的汇编指令、判断指令是否是跳转指令。若是跳转指令，则在这个地址处进行插桩的操作，具体流程如图 8-2 所示。

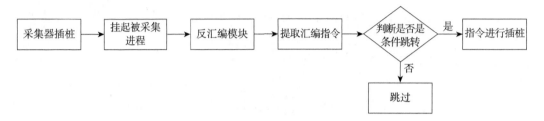

图 8-2　函数分支插桩流程

　　图 8-2 对应分支进行插桩的判断流程，有了这一步的保证，就可以为第二步路径分支 hash 的提取创造可能。

2. 如何提取路径分支 hash

　　当采集器支持分支插桩之后，我们就可以判断用例执行过程中具体经历的函数分支。当然要得到用例执行的路径分支，还需要事先将分支与路径分支的关联关系建立起来。那么如何建立分支与路径分支的关系呢？使用 IDA 逆向神器，逆向分析二进制模块的每一个函数，递归遍历每一个基本块。再遍历每一个基本块，获取基本块的起始地址与结束地址，解析每一条指令，判断指令是否是跳转指令，解析出函数所拥有的路径分支个数，并通过每一个路径分支的指令集合来计算每一个路径分支的 hash 值。将基本块地址与路径分支建立起关联关系，具体流程如图 8-3 所示。

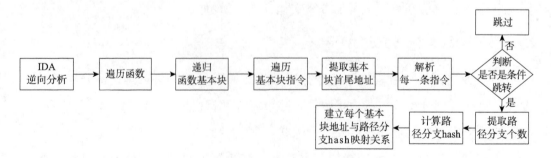

图 8-3　提取路径分支 hash 流程

　　通过图 8-3 我们就完成了函数路径分支 hash 提取、基本块地址与路径分支

hash 映射关系的建立。为动态采集用例的过程中，用例与函数路径分支关联关系
的建设起到至关重要的作用。

3. 用例与函数路径分支的关联关系的建立

上面两步骤分别介绍了分支插桩的流程，以及函数路径分支 hash 的提取，基
本块地址与函数路径分支 hash 的映射关系的建立。现在需要做的事情就是在采集
器采集用例的过程中，将命中的插桩地址取出来，跟第二步建立的映射关系进行匹
配，找到命中插桩地址对应的路径分支 hash，具体流程如图 8-4 所示。

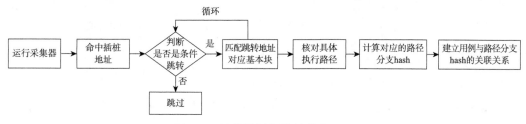

图 8-4 关联用例与路径分支 hash

上面描述的步骤，就是如何将采集过程中用例与函数路径分支 hash 建立关联
关系的全部流程。

第 4 节　哎哟，被优化了

彪哥编码工作基本完成后，小宇开始使用新的采集工具，把原来的试点项目的用例和函数的关系进行重新录入。

"小宇，在忙什么呢，这几天都没你什么消息了。"Lily 发来微信。

小宇忙着用新工具建立知识库，看到 Lily 也没有什么事，就先没回消息，想着等自己忙完后再打电话给 Lily。

几分后，Lily 的电话打过来了："小宇，你忙什么呢，我的消息你也没回。"Lily 语气中有点抱怨。

"哦，Lily，我最近好忙，实在不好意思，我想等忙完了再找你。"小宇解释。

"哦。"Lily 应了一下。

小宇心里很愧疚，但不知道该说什么，便没说话。

"要不一起吃饭，或看电影吧。"Lily 想看看小宇会说什么。

"啊，等我忙完吧。"小宇并没有意识到 Lily 已经有点生气了，"嘟嘟嘟……"Lily 挂断了电话。小宇没有多想，继续采集用例，希望能尽早看到知识库优化后的效果。

经过两天的采集，小宇终于把知识库建好了，平台上，函数和用例的关联数平均在 1：4，小宇又检查了几个具体函数的关联，确定基本无误后，开始整理数据。

"陈导、彪哥，知识库优化后的数据已经整理出来了，你们检查下。"小宇把整理好的资料递给陈导和彪哥。

"好，我们快速看一下效果。"陈导回复。

陈导和彪哥拿到的数据如表 8-1 所示。

表 8-1　知识库优化的效果

函 数 名 称	消振前用例个数	代码圈复杂度	优化后用例个数
Writer	102	2	2
NotifyStart	68	1	1
Config	17	2	2
OnDestroy	17	3	3
OnBrowser	96	16	16
OnCreate	16	4	4
OnTipsDestroy	15	2	2
Show	35	15	15
Init	14	3	3
Tip	14	1	1
LowerTip	13	1	1
NotifyExit	12	1	1
OnCreateTip	12	3	3
NotifyOrStop	11	1	1
Update	10	6	6
AddToQueue	10	5	5
ShowTip	10	4	4
GenerateNode	18	2	2

表 8-1 中列出的数据就是优化前后数据的对比，很明显看出知识库优化之后，已经解决了一个函数关联用例超出其分支个数的情况。将用例个数严格控制在其路径分支个数的基础上，建设成最精简用例集。

看着这份每个函数对应的最精简用例集，陈导、彪哥、小宇顿时觉得大家这段时间的努力是那么的有意义，互相从对方的表情中看到了激动感动。

精准测试第七式：用例预分析消振

第 1 节　奇怪，竟然有漏网之鱼

城中村的夏日，潮湿而闷热。一台老旧的电风扇正在无力地打着转，此时的小宇还沉浸在睡梦中。突然，屋外传来一阵嘈杂的叫卖声，小宇猛地从梦中惊醒。拿起手机，看了下时间，刚刚过六点。小宇心想："还早，再继续睡会吧。"于是他又躺了下去。但是外面的嘈杂声越来越大，顿时睡意全无。

起床，草草收拾了一下，小宇就出了门。

外面虽然闷热，但是阳光明媚，景色很好。小宇忍不住拿起手机拍了张阳光洒在树叶上的照片，并发了个朋友圈，配上了文字："迎着朝霞，放肆去追！早安！"

来到办公室，小宇为自己倒了一杯热开水。静静地坐在工位上，待夏日的浮躁褪去，小宇开始了一天的工作。再一次快速地浏览知识库消振之后预分析推荐的结果，试点项目中一个负责消息分发的函数推荐的 20 个用例横亘在知识库消振后的结果间，显得如此醒目而异类。这个函数的推荐结果怎么会这样呢？小宇百思不得其解。

带着这个疑问，小宇找到了彪哥，找了个会议室，两人就这个问题讨论了起来。

"彪哥，预分析系统推荐给我的用例还是会出现冗余的现象，咋回事？"小宇疑惑地询问道。

"我们已经进行了知识库消振的操作，将用例与函数关联关系推进到路径分支级别了。你说的情况应该已经解决了才对。"

"可是我这里在人工检查过程中，就发现试点项目中有部分函数推荐的用例明显是冗余的。"小宇解释道。

"为什么会出现这种结果呢？完全在意料之外。"彪哥陷入沉思。

带着满脑袋困惑的彪哥与腾小宇把遇到问题的函数从 SVN 中拉了下来。眯着小眼看着变更的代码，静下心来的彪哥慢慢地摸索到了问题的根源所在。

"小宇，我已大概知晓问题根源所在。"

"哦，还请彪哥不吝赐教。"小宇摸着后脑勺疑惑地问道。

"不敢，其实知识库消振确实已经做到了分支级别的用例关联，但是我们的差异化分析还只是函数级别的，两者的不对称是造成用例冗余的根源。这其实是一个大 bug。"

"你的意思是说也需要将差异化分析中对变更函数的判断进一步地推进到分支这一级别？"小宇眼睛里闪动着光芒。

"孺子可教嘛！小宇同学。"彪哥打趣道。

"这里再打一个比方，你就更明白了。"

"我们的 Windows 操作系统现在一般都有 4 核多线程处理能力，但是很多应用程序都是单线程运行，基本没有发挥出系统多核处理器的能力。为了让系统的处理器都跑起来，还需要应用程序自身支持多线程的处理方可。我们的知识库与差异化分析之间也是类似这种关系，需要两者均具有识别函数分支能力，才可以协同作战。而不是现在落花有意流水无情的状况。"

"这个比喻够贴切，我已经看到我们胜利的曙光了。"

"那我们就一起努力将方案输出，让大家评审。"

"彪哥，做精准测试这么久，我发觉只有挖掘到被测程序越精细的数据，才可以让我们系统的准确性得到保证。"小宇感慨道。

"是啊，系统只有抓取到足够的细节，才能让自动推荐的准确性得到质的飞跃。"

在知道问题出现的症结之后，小宇与彪哥就一起着手对差异化分析中变更函数分支的判断进行方案的整理。

回到工位上的小宇正聚精会神地整理着判断变更函数路径分支的方案。突然，一声清脆的微信消息声打破了办公室寂静的氛围，但此时的小宇心思全部在方案上，根本无暇顾及微信消息，继续埋头于方案的整理。

时间就这样无声地流逝着，方案的整体架子已经搭了出来。这时电话响了，小宇停下了手，拿起电话，一看是 Lily 打来的，他赶紧接通了。

"小宇，在干嘛，我给你发的微信怎么没回呢？"

"我在公司加班呢！"

"又加班，你快变成工作狂了。"

"没办法啊，有个问题还没解决呢。"

"我看了你发的朋友圈，感觉你今天心情很不错，我正好想趁着好天气出去呼吸大自然的新鲜空气，陪我一起去吧。"

"不行啊，Lily，我今天必须要把这个问题弄清楚，不然影响项目进度了。"小宇很无奈地回答。

"真不去？"

"实在不好意思，我下次陪你去吧。"

"那好吧，我找其他人陪我去。"

"好的。"

挂完电话，小宇无暇多想，继续着方案的编写。

通完电话，Lily 心里感觉很失落，好不容易自己主动约一次腾小宇，竟然被拒绝了，顿觉心中一股抑郁之气久久不散。正在 Lily 气结难疏之时，她培训班上的一个学生 Michael 给她打来了电话，虽说是学生，但年纪和她相仿。Michael 在一家金融公司从事证券投资工作，人非常阳光开朗，在培训班上表现得很活跃，曾多次邀请 Lily 和他一起出去玩，但她觉得不太好意思，就一直没答应。

　　电话中 Michael 邀请 Lily 去杨梅坑自驾游，因为小宇的事情 Lily 这次却很爽快地答应了。若是我们的小宇知道现在他的女神 Lily 正跟另一个男孩约会，是否还坐得住安心加班呢？当然这是后话了。

第 2 节　差异化分析也要到分支级别

一天后，方案一出来，小宇就赶忙拉着彪哥、陈导进行评审。"彪哥你具体讲解一下实现的细节吧。"小宇说道。

"好，那我就长话短说。"彪哥进行了详细分析，下面概述一下。

我们知道知识库的消振虽然做到了函数分支的级别，但是由于差异化分析只将变更精准度维持在函数级别，推荐的用例也只能被迫精准到函数这一层级。

所以就造成了我们在进行完了知识库消振获得最精简用例集之后，预分析推荐用例还是会出现冗余的现象，如图 9-1 所示。

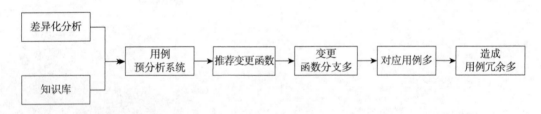

图 9-1　差异化推荐用例冗余

通过这个图我们可以明确地知道，系统只需要推荐具体变更路径分支对应的用例即可，但是由于差异化分析精准度只能做到函数这个层级，导致我们推荐的用例集只能以函数为单位进行推荐，在变更函数路径分支本身就多的情况下，就会造成推荐用例冗余的现象。

为了让大家有一个更深入的了解，我们将用例与函数、用例与函数分支间推荐用例的方式做一个对比，如图 9-2 所示。

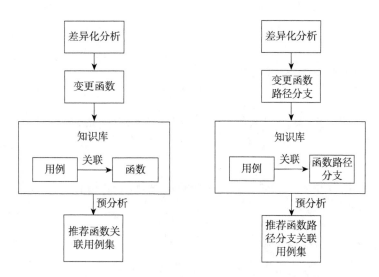

图 9-2　推荐用例方式对比

从图中可以看出，要做到函数路径分支推荐用例集，就面临着以下两个待解决的问题：

1）差异化分析怎么判断函数的具体哪一个路径分支发生了变化？

2）如何能够将变更函数路径分支与知识库中原有已关联用例的函数路径分支进行匹配？

只要解决上述两个问题就可以做到变更函数路径分支推荐用例的需求，现阶段冗余用例的问题也就迎刃而解了。

第 3 节　匹配变更和函数分支 hash

"那么差异化分析过程中如何具体判断函数哪一个路径分支发生了变更呢？"小宇赶忙问道。

"我们可以从具体函数变更的基本块地址反推出其所属的函数路径分支。要做到这一点，需要事先将变更函数基本块地址与函数路径分支的关联关系建立起来。"彪哥答道。

"当找到了变更函数路径分支之后，又如何去匹配对应知识库中函数原有的路径分支呢？"陈导狐疑地问道。

"老司机的提问果然一针见血，直指要害。"彪哥笑道。

"若是按照已变更的路径分支去寻找，肯定是无果的。因为路径分支已经随着基本块的变化而发生了变化。其实我们可以提取路径分支对应的条件判断语句的集合，然后通过这个来判断是否是相同的分支。"彪哥继续侃侃而谈。

下面着重解释一下路径分支对应的条件判断语句集合的含义：其实就是路径分支中基本块的跳转顺序，如图 9-3 所示。

从图中可以看出路径分支的跳转顺序有基本块 1、2、4、5，基本块 1、2、5，基本块 1、3。忽略基本块中的具体语句，只关注基本块之间的跳转顺序。基本块跳转顺序相同，说明路径分支是相同的。

所以只要路径分支基本块的跳转顺序是相同的，即使分支中的基本块发生了变更，新旧版本的执行路径也是相同的，所以答案是肯定的。

重要的事情说三次：只要路径分支的条件判断是一样的，说明它们在函数的执行过程中的路径是相同的，基本块跳转顺序也是一样的，这样通过相同分支条件判断就可以匹配前后发生变更的函数路径分支。

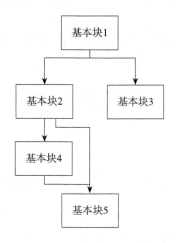

图 9-3　函数基本块跳转关系

具体实现的详细步骤如下。先对变更函数的基本块对应的路径分支、路径分支的条件判断分别计算出一个 hash 值，再将变更函数的"基本块"与"函数路径分支 hash"、"函数路径分支条件判断 hash"三者建立起映射关系。最后在对应的知识库函数中查找与路径分支条件判断 hash 相同的路径分支 hash，就完成了整体的匹配，流程如下：

1）建立标记映射关系，如图 9-4 所示。

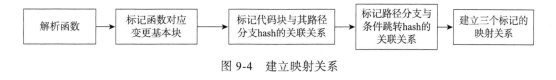

图 9-4　建立映射关系

2）查找变更代码块映射的路径分支 hash 与路径分支条件判断 hash，如图 9-5 所示。

通过上面的流程即可明白如何通过函数变更代码块去匹配函数路径分支 hash、函数路径分支条件判断 hash，核心就在于对执行路径分支的条件判断 hash 的提取、映射的建立及匹配。

图 9-5　插桩变更函数路径分支

其中几个概念介绍如下：

❑ **基本块**：是指程序顺序执行的语句序列，其中只有一个入口和一个出口，入口就是其中的第一个语句，出口就是最后一个语句。对一个基本块来说，执行时只从其入口进入，其出口退出。

❑ **函数路径分支 hash**：将分支的每个代码块中的语句作为集合，计算一个 hash 唯一值。

❑ **函数路径分支条件判断 hash**：将分支代码块的跳转顺序作为集合，计算一个 hash 唯一值。

第 4 节　用例分支和变更分支关联

"万事俱备，只欠东风啊。"小宇兴奋道。

"万里长征还差最后一步，在知识库消振中我们将函数路径分支与用例进行了关联，为了一并解决差异化分析遇到的问题，需要将用例对应的路径分支中的条件判断单独提取出来计算一个 hash。"彪哥说道。

这样我们就可以通过对应的相同路径分支条件判断 hash，找到匹配的路径分支。再根据路径分支 hash 来推荐对应的用例，如图 9-6 所示。

图 9-6　建立用例与函数路径分支条件判断 hash 关联

通过上面的方式分别计算出函数路径分支 hash 以及路径分支条件判断 hash，就可以在代码块发生变更的情况下回溯找到对应的分支条件判断 hash，继而找到对应的变更函数路径分支的用例，然后再更新函数路径分支 hash 值。

为了让大家能够将知识库与差异化分析中的函数路径分支 hash 概念相融合，这里再详细说明一下要点：

1）知识库建立起用例与路径分支 hash、路径分支条件判断 hash 的关联关系。

2）差异化分析可以通过变更函数路径分支条件判断 hash 去知识库中查找对应函数相匹配的路径分支条件判断 hash，继而找到对应的路径分支 hash。

3）再将差异化分析中的路径分支 hash 与知识库中查找到的路径分支 hash 列表进行比对，查找不相同的路径分支 hash。这就是代表变更的路径分支，推荐出这些不同路径分支对应的用例。流程图如图 9-7 所示。

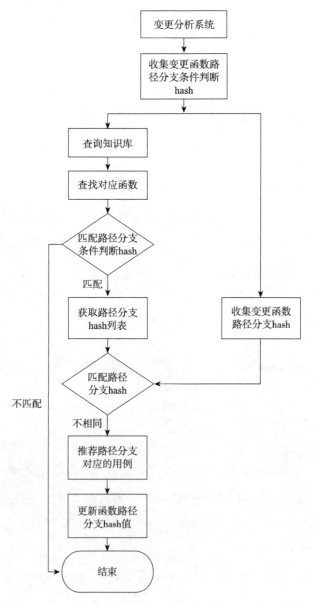

图 9-7　变更用例推荐流程

　　上面就是完整的变更函数路径分支条件判断 hash 查找对应知识库用例的全流程，注意流程中我们将变更的路径分支 hash 进行了更新。

　　"很好，彪哥你就按这个方案进行具体的实现吧。"陈导赞扬地说道。

第 5 节　推荐最精简用例集

在小宇与彪哥夜以继日的辛苦加班下，终于实现了最终的解决方案。兴奋的彪哥将小宇喊了过来说是一起见证奇迹的时刻到了。

"彪哥，用例预分析的结果在哪儿，还玩神秘呢！"小宇调侃道。

"看来小宇同学也跟我一样迫不及待啊，下面就是我们预分析消振之后的结果。"如表 9-1 所示。

表 9-1　用例预分析消振效果

函 数 名 称	变更函数推荐用例个数	变更分支个数	变更分支推荐用例个数
Writer	12	2	2
NotifyStart	8	3	3
Config	5	2	2
OnDestroy	3	1	1
OnBrowser	16	2	2
OnCreate	4	1	1
OnTipsDestroy	2	1	1
ShowTip	15	2	2
Init	3	1	1
NotifyExit	3	1	1
GenerateNode	4	1	1

"结果跟我们预估的一样啊！彪哥，这太令人兴奋了！"

"是啊，从表中我们可以看出用例预分析只推荐了变更的路径分支关联的用例，做到了推荐最精简用例集。通过知识库消振，我们将函数与用例的关系圈定在了最精简用例集上。再通过预分析消振，在这个最精简用例集基础上推荐出与路径分支相关的用例，作为推荐最精简用例集。"

"我们的春天要来了，彪哥！"小宇激动地说。

经过知识库消振与预分析消振这两步操作，测试姐终于点头称叹。光明的精准测试之路终于通畅，小宇开心不已。

精准测试第八式：精准测试执行手段

这天，又有一个新的需求需要测试了。

此时的小宇已经对精准测试分析的方法和流程了然于胸，并且有强大的精准测分系统作支撑，所以这次的测试小宇显得游刃有余。

他首先按照前面提到的精准测试分析方法对新增功能做了测试分析，很快就写出了新增测试用例。至于需要回归的用例，那就交给精准测分系统吧。果然，开发人员在提测邮件发出后不久，小宇就收到了精准测分系统推荐的回归用例列表。他认真检查了一下这个推荐列表，发现与本次代码变更的影响关系简直完美吻合，瞬间一种满怀喜悦的成就感涌上心头，几个月的努力真的是非常值得的。

小宇用精准测试分析方法人工分析出的新增测试用例和系统自动推荐的回归用例就组成了本次需要执行的测试用例集，如图 10-1 所示。

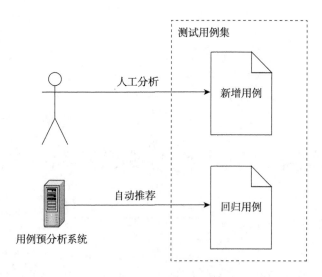

图 10-1　测试用例集

第 1 节　手工测试的天花板

接着，开始正式执行工作了，小宇将测试工作进行了分工，他自己选择了执行新增用例，把回归的任务交给了另一位测试姐。

执行新增用例的时候，小宇一边执行一边开着采集器，经过优化后的采集器已经完全可以自动采集函数用例映射关系，采集之后就自动更新到知识库中。执行和采集的过程示意图如 10-2 所示（图中灰色的部分是由采集器自动完成的）。

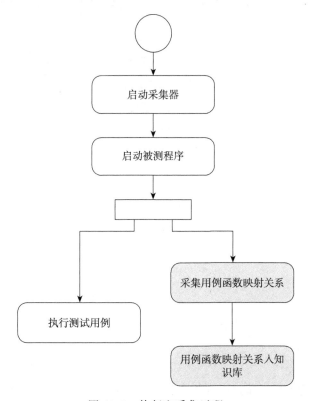

图 10-2　执行和采集过程

小宇正在专心地执行着用例，测试姐突然打断了他：

"小宇，我发现系统推荐的有些用例需要更新下。"

"比如呢？"小宇问道。

"比如有一个用例是测试边界值的，现在这个边界值的范围发生了变化，我们需要修改下用例。"测试姐指着小宇的屏幕说道。

"那确实需要修改。"小宇点了点头。

"还有，比如这个界面发生了一些变化，以前的用例对界面的检查点也需要更新。"测试姐继续说道。

"非常好，那我们就把这样的用例都更新下，更新完之后，在执行的时候开着采集器，采集器会自动帮我们更新知识库的。"小宇答道。

"嗯，那好，我去继续执行更新用例了。"测试姐说着离开了。

测试姐回到座位，按照如图 10-3 所示的流程更新了测试用例，并重新关联到知识库中。

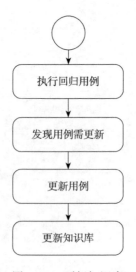

图 10-3　更新知识库

所有执行完成之后，小宇看着近乎完美的 bug 趋势曲线和代码覆盖率数据，脸上露出了满意的笑容。他站起身，环顾了四周，整个办公室已经变得空空荡荡，他抬头望了望墙上的时钟，指针已经指到了 23 点 45 分。

他已经忘记有多少个夜晚都是自己一个人在这里坚守，但是回望走过的精准测试之路，心里充满了成就感。他甩了甩手臂，活动了一下筋骨，倦意顿时消散了不少。收拾好东西，小宇哼着小曲走出了办公室，一阵凉风袭来，不禁打了一个冷颤，深圳的秋，虽不如北方那么凉，但昼夜温差也是比较大的。

小宇赶紧拦了辆出租车朝着家的方向驶去，在车里望着窗外的霓虹灯，一种寂寞涌上心头，在这个城市，依旧一个人。喔，不对，还有 Lily。Lily，他猛然想起，已经好几日由于太晚下班没有与她联系了。他赶紧掏出了手机，打开微信，与她的聊天记录已然停留在一周以前了，那时由于工作忙碌而没有答应陪她出去游玩的邀请。再翻看她的朋友圈，她的更新也只到那次游玩为止，大都是漂亮的风景照和美美的自拍。其中有张照片中出现了两杯果汁，小宇心中泛起了一种不祥的预感，但这个感觉转瞬即逝。他相信 Lily，这或许只是她与闺蜜一起出去游玩呢。

想到没有陪她出去游玩，心中还是充满了歉意，他赶紧在朋友圈下面里留言："对不起，下次一定陪你去你喜欢的地方。"

这一夜，浑身轻松的小宇睡得特别踏实，而且还做了一个美美的梦。在梦里，他牵着 Lily 的手，漫步在海滩，落日的余辉洒落在身上，两人边走边谈，憧憬着美好的未来……

早晨醒来，小宇还沉浸在梦中的浪漫场景中，满脸都是幸福的笑意。他做了一个决定，要对 Lily 正式表白心意。小宇向 Lily 发去了"早安"的问候，便开始收拾准备上班，收拾完毕，仍未收到 Lily 的回复，心里有些许失落，但这并未影响到小宇的决定。

来到公司，今天过得特别快。午饭时段，小宇再次向 Lily 发去了消息：

"你还好吗？对不起，前段时间工作太忙了，每天很晚才到家，怕影响你休息，就没有给你道晚安。"

这次终于等到了 Lily 的回复：

"我很好，没关系的。"

小宇看着 Lily 发过来消息，兴奋不已："现在项目终于初步告捷了，以后就有时间多陪陪你了。"

"今天下班我来接你吧？"

"不用了，我自己回去。"Lily 回复道。

但这回复，小宇认为是给她惊喜的一个机会。

下午，小宇向莎姐申请了提前一小时下班，他要开始实行表白计划。来到花店，买了 19 朵玫瑰，特地向老板要了一张卡片，写下了他想了许久的表白词：

"每一天，我都欢喜着遇见，遇见更好的自己，遇见更好的你。认识你真好，你愿意做我的女朋友吗？"

攥着贺卡，小宇心里一遍一遍地排练见到 Lily 该怎么对她表白。

"Lily，让我照顾你一辈子吧？"

"Lily，我爱你胜过爱自己！"

他满怀兴奋地打车赶到了 Lily 上班的楼下，手捧着鲜花准备给她一个惊喜。终于等到了 Lily 从办公楼里面走出来，小宇鼓起勇气走到 Lily 面前，双手奉上鲜花。此时的他脑子一片空白，准备了很多次的浪漫表白对话也都忘得一干二净，小宇紧张地手心出了汗。

Lily 看见了他，一愣：

"你怎么来了？"

他颤抖着把花递给 Lily：

"送，送给你的。"

Lily 并没有用手去接，小宇愈发紧张了，变得有些语无伦次：

"对不起，我……"

"前段时间太忙了，疏忽了你，没有陪你出去玩……"

"真的对不起……"

Lily 看着小宇涨得通红的脸，似乎并无动于衷：

"没关系的，我一个人也过得挺好的。"

小宇赶紧取出了卡片，递给了 Lily：

"这，这，这是我的心意……"

在旁边人的起哄中，小宇的脸更红了。Lily 的表情也由惊讶变为尴尬。

"你给我点时间让我考虑一下。"Lily 没有收下玫瑰，而是从小宇身边径直走开了。

小宇一个人失落地留在原地，围观的人群也都走散了，突然身边一个 Lily 的同事告诉小宇："Lily 最近和 Michael 走得很近，上周还一起出去游玩呢。"

这时，一个高大帅气的男人从办公楼走出，小宇抬头打量这男人，这不是 Michael 吗，一身笔挺的西装甚是帅气，他朝 Lily 去的方向走去……

失落的小宇在 Lily 的公司附近漫无目的地游荡了一会儿，无处可去，干脆重新回到公司，打开电脑，检查起今天执行过的用例，猛然发现系统推荐的有些用例是有自动化用例相对应的。他立马来了精神，开始把这批用例选取出来，准备尝试去自动化执行。可是事情没有想象中那么顺利，这些用例的自动化都是基于 UI 的，本次的需求对 UI 做了些改动，自动化根本跑不起来。

小宇并没有放弃，他找到自动化用例库，对 UI 对象库进行了维护，最后，自动化用例终于成功跑起来了。但他陷入了沉思："以后改过 UI，这些用例又需要重新维护，这个成本太高了，有没有其他方法可以解决呢？""既然推荐系统推荐的用例有一部分是已经有自动化用例对应的，那么是否可以让这些对应的自动化用例自动调度运行呢？"他想了想，一时没有太明确的思路，他看了看时间，已经 12 点多了，心想还是先回去休息吧，明天再找陈导一起聊聊，看看有没有什么思路。

第 2 节　自动化测试的革命

第二天一早，小宇早早地来到办公室，找到陈导。

"陈导，早上好！"小宇老远就跟陈导打招呼。

"小宇，早啊，有什么事吗？"

"我昨天执行推荐系统推荐的用例的时候，发现有一些用例是有自动化用例对应的，但是在运行自动化的时候，发现 UI 变了，导致了用例运行失败。"小宇很急切地描述着他昨天遇到的问题。

"那你是怎么解决的呢？"

"后来我维护了下 UI 对象库，这样用例才跑通的。"

"那是不是以后每次有 UI 修改的时候，都得去维护对象库啊？"陈导示意小宇坐下，慢慢说。

"是呀，这样太浪费时间了，光昨晚我都花了两个多小时呢！"小宇显得有点无奈。

"维护的成本是有点高啊，你有没有想过做一些不依赖 UI 的自动化呢。"

"不依赖 UI，你是说从代码级的角度去考虑？"小宇立马变得兴奋起来。

"嗯！"陈导点了点头。

"那我们是不是可以做一些接口测试自动化，或者更进一步，做一些单元级别的。"

"是的，可以先从接口这个角度入手，去尝试一下。"陈导再次点了点头。

"一语点醒梦中人。"小宇兴奋地站了起来。

这时，陈导起身打算去接点水，小宇拦住了他："陈导，我还有个问题想请教下。"

"你说。"陈导放下水杯，又坐了下来。

"如果我们做了一批接口自动化用例，那我们原来的推荐系统是不是也可以做一个功能自动推荐这些自动化用例并且自动调度执行呢。"

"你这个建议很好啊。"陈导赞许地说道，"这个不难做到，只要我们将推荐系统推荐的用例做一个标记，有此标记的认为是自动化用例，这样的用例送到一个自动调度系统去执行就好了啊。"

"原来这样子就可以做到啊！"小宇向陈导竖起了大拇指。

"不只是接口自动化测试可以这样调度，这个方法适用于所有的自动化测试类型哟。"

"我知道了，谢谢陈导的解惑，接下来我就去找彪哥施行这些方案。"小宇满意地离开了。

小宇赶紧找到彪哥，将和陈导讨论的内容转述给了彪哥。彪哥表示赞同："那就是我们在用例推荐的时候给用例增加一个标记位来区分是否已自动化，同时在增添一个自动化调度的功能嘛。"

"彪哥真是牛啊，一点就透。"小宇向彪哥竖起了大拇指。

"那我们就开干吧！"彪哥延续了一往雷厉风行的作风。

很快，彪哥就拉出了方案图，如图 10-4 所示。

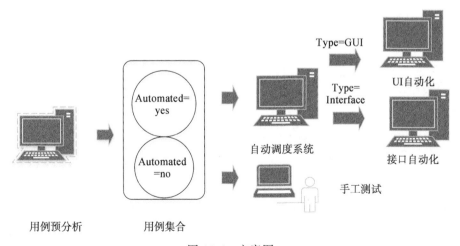

图 10-4　方案图

在知识库中增加了两个标记位：Automated，Type，其中 Automated 用值 Yes/No 来分别表示此用例是否有对应的自动化用例，Type 用值 GUI, Performance, Interface 等表示次自动化用例的类型，分别对应 UI 自动化，性能自动化和接口自动化等。另外增加了一个自动调度系统，根据推荐出的不同自动化用例类型来选择不同的自动化平台进行执行。执行完之后，将所有的结果进行汇总发送邮件知会。

经过一个星期的努力，此功能顺利上线了。

小宇拿了一个新需求做实验，由于很多用例都可以自动化执行，此次的回归测试时长缩短了 75%，效率得到了大大的提升。

第 3 节　精准测试系统总体架构

至此，小宇和团队构建的精准测试系统所有功能都已完成，在团队内部试用了一段时间后，反响非常好。

这天，莎姐找到小宇："小宇，最近我这里收到了很多对你们精准测试系统的称赞，你们这次干得漂亮！"

"谢谢莎姐夸奖，我们以后会更加努力的。"

"小宇，既然大家对你们的系统这么肯定，也很感兴趣，要不给大家做个分享，详细讲一下这里面的原理。"莎姐继续望着小宇说道。

"好呀，莎姐，那我好好整理一下，近期就给大家讲讲。"小宇答道，眼里充满了自信。

"OK，那我们就等着你的精彩分享！"莎姐肯定地拍了拍小宇的肩膀，转身离开了。

莎姐离开后，小宇开始整理起思路，分享从整体开始，那么首先需要给出系统的总体架构图。他经过一番回顾和整理，很快就在纸上画出来了系统架构图，如图 10-5 所示。

精准测分系统由知识库、代码差异化对比、用例预分析、用例调度和 UI 展示几个主要模块构成，其中知识库为系统提供了数据支撑，根据代码差异化对比结果进行用例预分析，然后生成推荐用例列表，并将已经自动化的用例输送到用例调度系统根据不同的自动化类型进行调度执行。

小宇整理好自己的思路，决定结合大家的实际使用情况，一边讲原理，一边讲应用，这样大家更好接受一些。

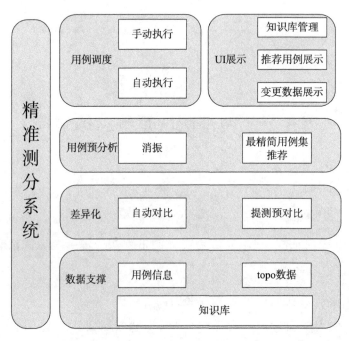

图 10-5　精准测分系统整体架构

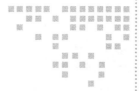

精准测试第九式：质量评估

在精准测试项目的总结会议上，小宇分享了精准测试分析系统的原理和应用，大家也分享了使用的好处和难点，会议讨论得很热烈。最后又聚焦出一个问题，那就是：将来精准测试大规模应用后，对质量评估该怎么做呢？

莎姐不愧是久经沙场的老将，她的观点是：精准测试本质上是一种基于风险的测试策略，只不过这种风险在通过代码层面的分析之后，已经被降低了很多。对于产品的质量而言，不能说我们做了精准测试，产品的质量就可以提升了。而是应该反过来，在保证质量不下降的情况下，我们的测试效率有了极大的提升。

小宇听得暗暗称道，他觉得精准测试的独孤九剑越来越完美了，就差这最后一个招式。

"对于如何做质量评估，不就是单独的一式吗？"，想到这，他站了起来，对大家说了一番他的想法。

第 1 节 "测试覆盖率"的评估

说到测试覆盖率（Test Coverage），很多人的第一反应是"代码覆盖率"（Code Coverage），但测试覆盖率就等同于代码覆盖率吗？当然不是的，测试覆盖率是对测试完全程度的评测。测试覆盖是由测试需求和测试用例的覆盖或已执行代码的覆盖表示的。覆盖率是度量测试完整性的一个手段，是测试有效性的一个度量。

测试覆盖率的几种体现如下：

- ❑ 对需求的覆盖：需求覆盖率。

- ❑ 对代码的覆盖：代码覆盖率。

- ❑ 对模块的覆盖：功能模块覆盖率。

- ❑ 对数据的覆盖：数据库覆盖率。

测试覆盖率指标提供了"测试的完全程度如何"这一问题的答案，最常用的覆盖评测是上述前两种，基于需求的测试覆盖和基于代码的测试覆盖。简而言之，测试覆盖率是就需求（基于需求的）或代码的设计/实施标准（基于代码的）而言的完全程度的评测，如用例的核实（基于需求的需求覆盖率）或所有代码行的执行（基于代码的代码覆盖率）。

先解释一下需求覆盖率，有人会问，这不就是衡量多少需求被测试了吗？是的，本质是这样，但是度量起来可不是以需求为单位。如果需求已经定义好，这个时候我们就需要考虑需求覆盖率了。这个时候需要注意的是，这里的需求不仅仅是指功能需求，还要包括性能需求。衡量需求覆盖率的最直观方式是我们有多少功能点，我们有多少性能点要求，这些将作为分母；我们写了多少测试用例，覆盖了多少模块，多少功能点，我们的性能测试用例考虑了待测程序多少性能点，这些作为分子。需求覆盖率的计算方法则是：

$$\frac{测试已覆盖的功能点＋性能点}{所有功能点＋性能点} \times 100\%$$

如果需求已经完全分类，则基于需求的覆盖策略便足以生成测试完全程度的可计量评测。例如，如果已经确定了所有性能测试需求，则可以引用测试结果来得到评测，如已经核实了 75% 的性能测试需求。

基于需求的测试覆盖在测试生命周期中要评测多次，并在测试生命周期的里程碑处提供测试覆盖的标识（如已计划的、已实施的、已执行的和成功的测试覆盖）。

系统的测试活动建立在至少一个测试覆盖策略基础上，在实际工作中，需求覆盖率因为度量的粒度较粗，即使能拆分到功能点，它能体现的价值也较为有限。所以绝大部分的团队仍然选择了代码覆盖率来体现测试覆盖率。

我们都知道不能盲目地追求高代码覆盖率，它只是作为测试结束标准的指标之一。经过分析，如果风险可控，意味着本次测试可以结束了，版本可以灰度外发。

第 2 节　你来决策发不发

产品的一个版本，有哪些发布标准呢？小宇根据这 3 年的经验总结，归纳了发布标准，并在项目团队会议上给大家介绍，如表 11-1 所示。

"产品发布需要满足质量标准，才可以发布，有以下几个指标：增量代码覆盖率需要达到 90% 以上；严重 Bug 需要全部修复完毕；挂起 Bug 比率需要控制在 5% 以内；产品的性能、稳定性测试通过。除此之外，我们不仅要关注质量结果，也要关注研发过程，打造有战斗力的研发团队，项目的过程指标也要达到标准：测试任务全部按照计划执行完；测试计划实际投入与预期符合；项目的千行 Bug 率要控制在 3 个以内；Bug 发现率在提测周期应该呈收敛趋势。"

表 11-1　产品版本发布标准

类　　别	指　　标	说　　明
过程指标	需求变更率	需求变更数 / 总需求数
	需求提测延期率	提测延期需求数 / 总需求数
	交付测试通过率	需求测试通过测试 / 需求提测总次数
	测试计划执行完成度	是否所有测试都按照计划执行了
	测试实际投入偏差	计划的测试投入是否得到保障
	缺陷密度	代码缺陷密度＝缺陷数 / 变更代码行数 需求缺陷密度＝需求数 / 变更代码行数
	缺陷发现趋势	缺陷是否有收敛的趋势
	缺陷修复趋势	
	缺陷引入原因分布	
质量数据	缺陷分布（严重程度）	无
	缺陷分布（功能模块）	无

（续）

类　　别	指　　标	说　　明
	代码覆盖率	增量代码覆盖率
	缺陷解决率	无
	遗留缺陷（数量、类型）	重点做风险评估
	性能 / 稳定性 / 安全扫描	参考各自的标准

　　小宇的精彩发言，赢得雷鸣般的掌声！莎姐也频频点头，这个小伙子，虽然刚毕业才 3 年，但是已经做出了很了不起的成绩，由测试同学来决定产品是否可以发布是再合适不过！

　　三个月后的某一天，莎姐叫住了小宇："小宇，有空吗？来电话间一下。"

　　在电话间内，小宇得到了一个让他自豪的消息：鉴于他在精准测试上的优异表现，老板决定给他升职。

　　在老板的办公室中，出现了这样的一幕：

　　"小宇，干得不错，我们都很欣赏你的才能！"

　　"谢谢老板！"

　　"别客气。经过讨论，我们决定给你升职，做测试组长！"

　　"哇！这么给力！"

　　"别急，还有更多的好消息！在你升职以后，工资也会做对应的调整。"

　　"多谢老板信任，我会和测试团队一起努力，去挑战更多困难，做更多成绩出来。除了精准测试，之后我还考虑在自动化测试建设、性能测试、后台测试等方面进一步研究，适合我们项目的测试方法和测试工具，提升测试质量和效率。"

　　从老板办公室出来，小宇按捺不住内心的激动，他马上约了陈导、彪哥："几位大哥，晚上有空没？出去庆祝一下？"

　　"没问题，今晚不醉不归！"

　　那一夜，腾小宇喝得酩酊大醉，这当中，除了喜悦之外，还有那段埋藏在内心深处的遗憾。

读者思考：

线下质量和线上质量的差别。我们的探讨都是测试过程中的质量度量。从逻辑上来说线下测试越充分，上线后的问题就会越少。过程质量我们知道怎么衡量，但是线上呢？线上的质量有哪些指标可以采集呢？又怎么采集呢？

第 12 章   *Chapter 12*

无招胜有招

第 1 节   独孤九剑概说

一日闲暇，小宇回顾九剑创立的艰辛历程，不由得感慨万千，虽有曲折，终究圆满。自己所在团队面貌一新，然放眼行业中，仍有一些同道中人还在艰苦探索。小宇脑海时时想着一句话：穷则独善其身，达则兼济天下。遂有心把此秘籍传道于众人，故召集一批人等，根据所经历的过程，写就此书。写成之时，小宇又恐文章艰涩难懂，要义难明，故整理出此章，望各位看客明了。

第一式：差异化。

目的：破全面回归。在保证质量的前提下，少测试一些内容，从而提升效率。

要旨：需求差异要明了，技术实现差异更要明了。

第二式：技术治理

目的：破耦合。耦合影响内容不能漏测，也不能多测。能够快速准确的分析出耦合影响，人工精准就基本达成了。

要旨：快速准确的分析耦合影响。

第三式：度量及分析闭环

目的：破差异化后的度量。代码覆盖率不仅仅可作为质量的一个度量纬度，更可以作为测试分析精准与否的一个度量手段。

要旨：代码覆盖率分析结果，是精准测试质量的重要依据。

第四式：知识库

目的：破函数和用例映射。精准测分核心是分析变更函数及影响到的用例（含新增），如有一库在手，任何变更来了，都可以分析的又快又准。

要旨：函数和用例关系库建设。

第五式：用例预分析

目的：破人工分析变更影响用例。变更函数有了，知识库也有了，自动分析影响用例还远吗？

要旨：函数变更自动分析出影响用例。

第六式：知识库优化

目的：破函数用例关联冗余。同一个函数内覆盖相同分支路径的用例去重。

要旨：函数和用例关联，细化到函数内分支级别。

第七式：用例预分析消振

目的：破推荐影响用例冗余。变更分析也细化到分支级别。

要旨：差异化分析细化到函数分支级别。

第八式：精准测试执行手段

目的：破系统应用。精准测分系统完成之后，人工和自动化的配合。

要旨：人工和自动的取舍。

第九式：质量评估

目的：破精准之后的质量评估。从"你来决策发不发"角度，来全面阐述质量评估纬度。

要旨：决策侧重。

第 2 节　无招胜有招

小宇顺着思路继续往下想：风清扬的独孤九剑是破各种兵器的，每一式是针对对应兵器的攻防观念。而这里整理的精准测试九式则是成系统的，都是提升精准测分的质量和效率的。那是否也是无招胜有招呢？单看每个招式，并不能独立破掉每次需求的测分。但从视对方情况而定，遇强则强的角度来看，却实实在在可以说无招胜有招！

小宇细细思量，越想越觉得这个很重要，有必要系统展示一下，才能更易落地到实战中去。于是小宇决定深度解析一下"无招胜有招"。

回顾全书的九式，其中前三式：差异化、技术治理、度量和分析闭环，构成了人工精准测分的闭环。后面六式，主要是讲如何建立辅助精准测分的工具平台。这个平台，并不是一定要全部建设完成才能应用，也不是一定要按照顺序一步步建立，而是可以根据团队现状，选择最有帮助的点来一步步建设，每建设完一步，都能快速应用到测分实践中去。

小宇又想，完美的情况是，每一个需求来，咱们都用精准测分的流程走一遍，质量和效率都没得说。但现实情况却是纷繁复杂的，不同的需求、不同的时间要求、不同的测试参与阶段，都是极有可能发生的，如果非要在每一种情况面前都走全套的精准测分，很可能客观条件不允许。那如何在纷繁复杂的需求现实前面，灵活应对，一剑即中呢？恰如高手过招的最高境界：无招胜有招！

1. 单个需求测分的破解思路

小宇想从一个需求测分的场景，来深度分析一下无招胜有招的思维路径。这个分析的前提是质量标准不降低，整体思路可以分为 4 步：

1）什么类型的需求？

2）项目对测试时长的期望？

3）谁来负责这个需求的测分？

4）如何把控质量和进度风险？

下面分别来详细阐述一下每一步的思考纬度。

（1）什么类型的需求

为什么要剖析需求类型呢？主要目的是为了得出需要精准测分的力度要多大。

整个项目对测试的一个焦点期望就是交付期望的产品质量，因此产品质量的指标值不能降低，但是从质量保障分层部署的角度来看，却是可以灵活处理的，详情见表 12-1。

表 12-1　需求类型与测试分析

质量保障行至层次	需求类型	实现类型	测试可做的事项
到"产品／运营"层	运营类需求	所配即所见	质量保障流程建设、平台建设
到"开发自测"层	用户无感知、问题修复快	原有逻辑上极小修改	简单测分或无测分，仅开发自测或合作伙伴黑盒保证
到"测试保证"层	用户感知明显、问题影响大	变更多，变更影响大	精准测分和执行
到"后台运维"层	问题影响小、问题修复快、实验室环境难构造全面		灰度少量用户验证后，再逐步放量

除了从质量保障分层保障的纬度去分析需求类型，还可以从下面纬度来分析精准测分投入的力度：

❑ 需求类型

　❍ 新需求

　　❍ 可能技术方案难易程度

　　❍ 需求变更风险大小

　❍ 增量需求

　　❍ 技术变更影响大小

　　❍ 可供快速测分参考的工具或资料是否完善

假设这里接到的是一个新需求，且需要到测试保证层，也就是需要精准测分和执行的。接着进行下一个纬度的思考。

（2）项目对测试时长的期望

项目主要关注整体的敏捷，项目总时长愈短愈好。项目的总时长又可以分为不同阶段的耗时，如需求阶段耗时、开发阶段耗时、测试阶段耗时、发布耗时。整个项目对测试的主要诉求，除了质量之外，就是测试阶段的耗时尽可能短。又因为测试要做的事项，有一些可以提前行动，如很多事项是可以在开发阶段完成。所以测试敏捷的突破重点，就是测试角色在整个项目周期中独占的一段时长，我们以前笼统称之为测试阶段，为了精确起见，我们可以称之为测试独占时长。具体到标记性的动作上，就是：

❑ 测试独占时长的开始标志：最后一个需求提测时间；

❑ 测试独占时长的结束标志：测试报告发出时间。

设测试独占时长内的黑盒测试用例数为 C；设所有黑盒用例在测试独占时长内的回归次数为 N，如平均需要在 N 种环境下回归验证、或者需求变更引入的回归验证；设测试独占时长内的未解决 bug 及新增 bug 数为 B，设每个黑盒用例的执行时长为 5 分钟，设每个 bug 的回归验证时长为 K 分钟，设测试独占时长内黑盒测试投入总人数为 P，则一个简单的测试独占时长计算公式如下：

$$测试独占时长 = 单人黑盒测试时长 / 黑盒测试总人数$$
$$= （CaseNum \times N \times 5 + BugNum \times K）/ PersonNum$$
$$= （C \times N \times 5 + B \times 3）/ P$$

所以，降低测试独占时长，可以从多个渠道入手。

❑ 降低 C，也就是黑盒测试用例数，可以通过精准测分来缩减测试内容，从而降低测试用例数；也可以通过白盒测试手段来降低；还可以通过分批尽早提测，也就是在开发阶段内测试掉一部分黑盒用例，从而降低独占时长内的黑盒内容；

❑ 降低 N，这个可以通过精准测分来降低回归次数，如通过分析是否环境无关来降低，也可以通过设计稳定可靠的自动化来降低；

❑ 降低 B，也就是测试独占时长内未解决的 bug 数，这个可以通过白盒测试手段来达到在开发阶段发现问题，从而减少测试独占时长内的 bug 数；更可以通过测试早期参与，给团队各角色的质量风险把关，从而达到降低后期 bug 数的效果；

❑ K 也可以降低，通过精准测分可以减少 bug 的回归时长。

还有一个比较弱，也比较耗费资源的方法，就是投入更多的黑盒测试人数，这个方法不建议经常使用，容易让团队陷入精力消耗的恶性循环之中。

小宇想到了根据团队精准测分成熟程度不一样，可以分为三类，一个是无精准测分，一个是人工精准测分，另一个是有平台工具辅助的精准测分。其中人工精准测分是指代码的测分主要依赖人工，平台工具辅助的精准测分是指代码的测分主要依赖平台、人工辅助。

小宇模拟了一个需要开发实现两天的需求，根据经验粗估，用表格分别分析了不同成熟程度下的测试独占耗时，参见表 12-2～表 12-4（说明：表格中的耗时数字单位均为小时）。

这里先抛出结论：

❑ 测试参与越早，测试独占时长越短；

❑ 引入精准测分，测试独占时长可以大幅缩短。

❑ 精确测分平台，可以帮助节省测试人员的测分时长。

表 12-2　人工精准测分

	需求阶段	开发阶段	测试阶段	发　布	总　耗　时
测试事项	需求评审 1	开发实现分析 3	开发实现分析 check 1	发布后监控分析 1	
		需求测试分析 0.5	测试用例完善和执行 5.5		
		测试用例编写 2	自动化执行维护 1		
		自动化分析部署 2	测试报告 0.5		
耗时	1	7.5	8	1	17.5
测试独占耗时			8		

测试开始参与阶段	测试独占耗时	备　　注
从需求阶段	8	测试独占耗时＝测试阶段耗时
从开发阶段前期	8	需求不合理，返工风险较高； 后期 bug 数较多的风险大；
从开发阶段后期	17.5	测试独占耗时＝测试阶段耗时＝（需求阶段事项耗时＋开发阶段事项耗时＋测试阶段事项耗时＋发布阶段事项耗时）
从测试阶段	17.5	同上

说明：无论测试参与早晚，测试需要投入做的事项不能少，故测试独占耗时会有差异。

表 12-3　平台辅助的精准测分

	需 求 阶 段	开 发 阶 段	测 试 阶 段	发　　布	总　　耗　　时
测试事项	需求评审 1	开发实现分析 1	开发实现分析 check 0.5	发布后监控分析 1	
		需求测试分析 0.5	测试用例完善和执行 5.5		
		测试用例编写 2	自动化执行维护 1		
		自动化分析部署 1	测试报告 0.5		
耗时	1	4.5	7.5	1.5	14
测试独占耗时			7.5		

测试开始参与阶段	测试独占耗时	备　　注
从需求阶段	7.5	
从开发阶段前期	7.5	需求不合理，返工风险较高； 后期 bug 数较多的风险大；
从开发阶段后期	14	
从测试阶段	14	

表 12-4　无精准测分

测试事项	需求阶段	开发阶段	测试阶段	发　布	总　耗　时
	需求评审 1	测试用例编写 2	测试用例完善 0.5		
			测试用例执行＋回归执行 10		
			自动化执行维护 2		
			测试报告 0.5		
耗时	1	2	13		16
测试独占耗时			13		

测试开始参与阶段	测试独占耗时	备注
从需求阶段	13	
从开发阶段前期	13	需求不合理，返工风险较高；后期 bug 数较多的风险大；比人工精准测分多了 5
从开发阶段后期	16	
从测试阶段	16	比人工精准测分仅少了 1.5

（3）谁来负责这个需求测分

弄明白了需求的类型，也沟通好了测试独占的时长，我们已经基本明白这个需求需要采取什么样的测分策略了，接下来就是这个需求谁来做的问题了。

通常情况是一个测试负责几个固定模块的测试工作，相应的测分自然也由这些同学来做，那上面的需求类型和时长的分析，一般也是由上面测分同学得出答案。如果该同学需要更多资源协助，此时就需要资源协调了，就需要来深入分析一下什么人合适。

当团队精准测分成熟度比较高的时候，测试就是一个资源池，任何人可以负责任何需求。此时每个需求来的时候，就必须分析什么人合适的问题。

那怎么分析人呢？这里主要考察的是人的精准测分成熟程度，可以从下面三个纬度去剖析。

1）人的精准测分成熟程度。

考虑到现实团队技术转型过程中，人的技术能力参差不齐，故而给出这个成熟程度的分析纬度如下：

模块级→文件级→代码级→函数级→架构级

模块级的意思就是，人在进行技术实现分析的时候，只能分析到模块级别，还不能分析出这个实现有哪些文件、哪些代码、哪些函数，函数的逻辑又是怎样的。后面级别以此类推。

这里特别提一下架构级，为什么架构级在函数级之后呢？因为现实中测分通过分析代码实现来发现架构级别的问题，难度是较大的。当然架构级的问题，应该在技术方案评审阶段就分析发现出来，也是对测分人代码能力的较高考察点。

2）人的业务熟悉程度。

这个比较简单，一般哪个人在哪块业务做得多，对该业务的熟悉程度自然就高。或者类似业务经验较多，也可能对该业务的熟悉程度高。再接手同类业务的时候，上手速度就会更快。

但面对一个全新的业务，则要考察这个人对业务的快速分析建模能力怎么样。这个能力考察的核心可以表现在黑盒用例设计的速度和质量上。

3）人的整体质量效率把控程度。

人在不同整体质量把控程度上，反映出来的结果就是质量和效率的保障结果不一样。为了确保需求的质量和效率保障结果和期望保持一致，就需要灵活配置人力资源。

如果某人的质量保障能力比较强，质量评估纬度也非常到位，但是在迭代效率、独占时长上有把控的风险的话，就需要有另一个监控的角色，来适时提醒该做什么了、该协调什么人来做什么事情了。

如果某人的效率能力特别强，但是质量评估纬度还差一点，这时候就可以配一个质量审核的角色，适时进行质量审核和风险提醒。

如果某人的质量和效率能力都不强，但是发展潜力还是有的，这个时候就需要配一个质量角色、一个效率角色来多方位保证，也可以直接配一个质量和效率都很强的人来进行辅导。

如果某人的质量和效率都很强，那是最完美的人选，团队管理者可以完全放手，直接告诉他有这样一个需求，请他跟进一下，后续只需要关注成果是否符合期望即可。

其中人的整体质量把控能力，在精准测分团队中，可以体现在下面纬度：

1）质量指标的落地程度，其中质量指标又可以从三个角度去分类：版本质量外发指标、发布前过程质量监控指标、发布后质量监控指标。

2）需求技术评审能力。

3）代码线控制能力、风险评估能力。

4）版本变更控制能力、风险把控能力。

5）测试策略能力，主要体现在不同阶段部署不同的测试手段能力。如在开发阶段进行框架代码测分、静态代码检查、持续集成和自动化分层验证部署、测试用例全面有效。

6）发布策略风险把控能力。

7）外发后质量监控。

人的整体效率把控能力，主要体现在流程控制能力上，具体可以体现在下面纬度：

1）迭代节奏把控能力，单周、双周，或者单需求的节奏把控。

2）文件升级流程把控。

3）大版本全流程节奏把控，体现在下面完整流程的质量和效率节奏影响力：onepage 需求评审→需求评审→技术评审→开发实现阶段→提测阶段→测试阶段→外发阶段。

（4）如何进行风险把控

有了合适的人选来负责需求之后，作为管理者或者审核者还是要从大局上把控一下风险，以确保最终产品的质量和效率符合预期。

风险把控的主要途径就是实时的质量看板。这个质量看板要包括三个类别，分别是：产品质量指标值、过程质量监控值、发布后质量监控值。从这个看板里，审核人可以一目了然地看到某个项目的产品质量现状、项目进度风险。

2. 团队测分能力提升建设的破解思路

小宇想想自己已经升级为组长，负责一个团队的管理和建设了。假设现在把自己抛到一个无精准测分、纯正式员工天天进行业务测试的团队中来，自己该如何从头建设这个团队，使其成为人人具备高级精准测分能力的高效团队呢？

小宇深入思考了一把，决定从正式员工精力投入角度来破局。

（1）现状

正式员工 100% 精力进行业务测试。

固定的人员负责固定的业务测试，双人交叉备份。

（2）人工精准测分阶段

正式员工 80% 精力进行日常的业务测试工作，另外 20% 精力进行测试分析建设和提升上面。如何抽出正式员工的精力呢？破局方法就是让一部分测试执行工作，由合作伙伴来承担。

正式员工 20% 的测试分析工作，可以从下面几个阶段来产出成果：

1）拿到代码权限，可以开展代码测分。

2）分析出整个团队所有代码编译出来的所有模块全景图。

3）根据业务变更优先级，来排这些模块的优先级，对模块进行代码层次的梳理，得出该模块的整体架构、分功能的代码实现、核心逻辑实现等。

4）增量需求的变更代码测分。

此时的团队结构和业务的关系，仍可以保持原状不变，固定人负责固定业务。

（3）精准测分平台建设阶段

正式员工 60% 精力跟进日常的业务测试工作，另 30% 进行测试分析，还有 10% 进行平台的建设工作。

合作伙伴此时除了测试执行，还可以承担一些用例编写的工作。

测分同学参与平台建设的角色可以是需求提出方，平台的具体实现，可以由测试开发同学来承担，这样平台建设速度会比较快，也会更贴合项目实际需求。

此时平台建设的思路和实现细节可以参考书中的四五六七式，也可以根据自己项目的实际代码实现特点，实际测分痛点，来建设自己的平台。

此时团队结构和业务，可以保持大部分是固定人负责固定业务，部分精准测分能力较强同学已可以审核多个业务测分。

（4）高效团队阶段

正式员工40%精力跟进日常业务测试，并督促各角色承担起质量保证工作，另40%进行测试分析，20%进行平台和工具建设。此时测分同学可以对每个需求的整个研发流程有较强的质量和效率把控影响力，同时也可以写代码实现工具平台。

合作伙伴此时还可以承担一些简单需求的测分工作。

此时团队结构和业务关系，可以将测试看作资源池，需求来了，任何一个人都可以随时接手，测试基本可以和业务独立。这样测试可以集中更多精力，投入到质量和效率提升的工具平台建设上，整个团队进入正向高速发展的轨道。

小宇又接着想，假设把自己抛到一个没有测试人员的创业公司，需要从无到有建设测试团队，自己又该如何做呢？小宇想到了一个大概的思路框架：

1）找到合适的人。合适的人考察纬度，可以从代码分析能力纬度来看，也需要从整体质量效率把控能力方面来看。具体的点可以参考上面分析的内容。

2）寻找业务痛点，重点突破。寻找产品的业务痛点，排业务优先级，事情优先级，集中优势兵力，一个一个痛点突破解决，才能做得有效。

3）精准测分流程走起来，平台建设起来。测试团队的精准测分能力建设起来，敏捷流程建设起来，可以用平台辅助解决的痛点优先建设起来。

4）建立行业影响力。及时感知行业需求变化，及时做出反应和改变，建立行业影响力。

小宇想到这里，只感觉全身通透，有一剑在手，走遍江湖无所畏惧的英雄豪气，真真是笑傲江湖。笑傲江湖的熟悉歌词在脑海适时响起："沧海一声笑，滔滔两岸潮。浮沉随浪，只记今朝……"小宇眉头稍稍皱起，是啊，江山代有人才出，能笑得一时，并不代表能笑得永远。时代不停地在前进，测试的角色职责也在不停地演变，能否抓住时代的需求，还需要有一颗感知外界做出改变的心。只有保持一颗追逐梦想、永不停歇的心，才能真正跟上时代的步伐，发挥出真正的价值。

小宇眉头舒展开来，想到两句话，时时提醒自己：有实力，无所惧！逐梦，永远在路上。

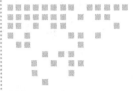

Chapter 13 | 第 13 章

唯一不变的是变化

　　小宇在自我感觉独孤九剑通透之后，紧接着遇到两件事情，让他明白在追求极致的路上，永无止境。社会环境在不停变化，人类智慧也在不停的突破，一门武功要能够吐旧纳新，方得生存。是什么事让小宇有如此感受呢？小宇觉得自己又回到了这两件事的案发现场。

第 1 节　一夜回到解放前

周末，小宇和一帮好友在聚餐，大家闲聊的时候，有人问小宇："小宇，这几天新闻都在说一个厉害的病毒，让你想哭，听说国外的整个医疗系统都挂了。你不是在安全产品部门么？你们能拦吗？"

"这个病毒国内影响好像没有那么大吧？不过现在是周末，也许周一会厉害一些。你都听说的新闻，我们部门肯定早就开始动作了。"小宇回应道。

大家又接着聊其他的了，不过小宇心里有点打鼓，这个病毒来势汹汹，影响这么大，也不知道会有哪些应对措施，现在周末还没人召自己回去加班，想来和以前病毒一样，应该很快就可以搞定吧。

周一，小宇刚到公司，就被拉去开会，原来部门已经成立了紧急作战指挥部，开发人员周末都已经通宵搞了。小宇也紧张起来，会议上很快就明白了今天要实现和外发的功能，目的都是能第一时间将解决方案送达给用户，因此时间要求非常紧急。大家没有二话，24 小时的时间都排上，能越早送达用户越好。这种情况下，开发人员快速想到一个方案实现掉，测试人员需要立即模拟用户角色来进行验证，确认通过就立即外发，如果不通过，开发修复后，测试人员又重新全部验证一遍，然后立即外发。在这一周时间里，测试跟着开发一起，轮流通宵值班，大家都搞的既紧张又疲惫。

事后，小宇回过头来看，发现一个重要问题，为什么在这种场景下，咱们的独孤九剑居然没有用上？大家都不自觉地回到了最传统的研发模式上，开发没有自测，测试进行简单的黑盒重复验证，感觉像是一夜回到了解放前。为什么大家能够容忍较高的质量风险？也能够接受严重的效率浪费？

较高的质量风险这个好解释，和解决用户的燃眉之急相比，这点风险是可以接受的。

那效率浪费呢？从当前事情的角度来看，没有啊，反而是效率很高呢，大家一天都搞定了原来可能需要一周搞完的内容呢，效率太赞了！

事实真的是这样吗？长远来看呢？今天开发实现的功能，后期如果有变更，变更成本有多大？从这一周的实践来看，成本实在太大，从需求角度来看一个小小的变更，设计严谨的实现也许只需要 2 个小时就可以走完全部研发流程外发了，但在这周实践中实际上又花了整整一天，含晚上的时间才搞定。可想而知，这些代码后期维护成本有多大。也许对临时紧急的实现没关系，反正用过一次后面不会再复用了，但对一个想做长久的产品来说，还是要考虑长远影响的。

而且一个团队不可能靠天天通宵来维持快速的外发节奏，非长久之计。快速的外发节奏还是要靠高质量的产品和高效率的团队合作。高质量的产品从产品层面是真正满足了用户需求，从代码层面是真正让后来者能够聚焦创新实现，不用陷入老代码的泥潭，比如读半天不知道代码目的，不停维护代码 bug，实在忍受不了只好重构等。高效率的团队合作最好是信息无障碍在团队内流通，有一些平台工具，或承载看板作用，或承载流程自动化作用，能让各角色自动运转起来；更要有开放合作的文化，大家能自由 PK，及时解决掉问题，共同朝一个方向使劲。

小宇想到这里，觉得偶尔回到解放前也算有收获，可以更深刻的体会对比新旧方法的真正优劣。但鉴于未来可能还会存在类似的紧急任务，所以后面要提前做好资源规划，尽量减少浪费。

第 2 节　探索，永无止境

这半年，小宇所在的品质团队，在大力推行测试左移。就是测试从研发流程的后端，走入前端，要承担生产力建设的责任，不再单纯做对质量兜底的工作。

小宇心想，从传统泥潭，到适应敏捷，探索出的精准测试道路依然奏效，既满足了当前团队的敏捷节奏，也节省了一些测试资源，正好可以进行左移探索。左移到极致，是否是不需要测试人员了呢？测试人员难道要失业了吗？

小宇作为一枚技术热情男，带着这些侥幸和疑问，带着不到黄河心不死的劲头，又全身心投入到左移的实践中去了。小宇认真研读了 Google 的测试理念，也在团队宣扬下，逐步了解到国内很多公司都陆续组建了 EP（工程生产力）团队。小宇在实践中也努力推动左移落地，从 bug 左移和测试内容左移上，有不少进步。在这过程，小宇深刻体会到，EP 的成功，更多的要依赖测试团队技术能力的提升，依赖开发团队承担质量责任的文化建设，而这，都非一日之功。难度颇大，但值得期待，关键还是要找到适合自己的方式，不能照搬。比如 Google 是所有产品的代码都在一条线上开发，就这一点，有多少团队做到了呢？所以，航向已经明确，但是真正能够到达的路线，却需要自己去探索。至于测试人员是否会失业的问题，显然不会，只是传统测试要逐步转型做 EP，就需要改变技能结构和成果输出，比如之前测试只是做质量的把关者，左移后就需要为提升整个产品团队的研发质量和效率服务。

小宇回过头来看精准测试，依然不能少，如果开发人员在质量保证上做得比较到位，测试用例可以变成开发的单测用例，但基于差异化的变更分析和用例执行，结果的度量，以及评估是否需要补充黑盒测试，精准测试的方法和平台依然可以提供服务。只是，做到这样还不够，还需要建立更多的效率提升工具和方法，才能更接近 EP 的职能，以及 EP 文化的落地。

小宇感受到了深深的压力，但也激发了无穷的激情。嘿，咱们走着瞧！

后　记

　　这段时间项目组风平浪静，小宇终于把自己搬家的事情提上日程了，也准备物色在南山区找一个靠近公司、上班方便的地方。他心想这次得给自己找个好点的房子，怎么说自己也是个组长呀，找个好点的房子也算是给自己这段时间努力的奖励吧。于是乎，这段时间那个周末还在公司努力加班的"拼命三郎"小宇不见了，变成了骑着自行车穿梭在大街小巷、出入于各大房地产公司忙着与中介打交道物色房子的小宇了。

　　最后，小宇终于得偿所愿找到了合适的小区，叫望海家园。小区的名字的确挺好听的，听说在 10 年前这里能看到大海，不过现在站在阳台上也只能看到一栋栋的高楼了。因为这个小区离公司大约 5 公里左右，而且门口就有公司班车，特别方便，小宇对找到这样的房子特别满意。

　　刚好项目不忙，小宇找了搬家公司琢磨着这周就要搬家了。每每想到要搬出这充满喧嚣的城中村，心中总有些不舍。小宇在这里也住了三年，这个不大不小的地方见证着自己在深圳的成长，虽说这段日子的经历算不上发家致富走上人生巅峰，但至少算是自己从稚气未脱的毕业生到公司最年轻 leader 蜕变的过程，也算是一段努力拼搏、不断奋进的奋斗史吧。

　　趁着陈导和彪哥说想来新房子看看，小宇拉上他俩当劳动力一起搬家。三个人忙活了一下午终于把东西从城中村搬到新房子里了。看着自己屋子里堆放的各种各样的物品，小宇颇有感慨。三年来自己的工资的确也没白花，全都在这里了。

　　都还没来得及请陈导和彪哥吃饭，他俩就得回公司忙去了。眼看着今晚还要忙活很久，小宇才想起来自己该出去买点吃的了。于是小宇穿上鞋去往小区旁边的超市。

　　才刚刚踏进超市，忽然听到一个熟悉的声音响起："你好，我想买这些，一共多少钱？"小宇心里有些激动，循着声音转过头去，他果然看到了那个熟悉的侧脸，依然侧扎着高马尾，依然是一身淡蓝色的运动装，依然干净利落，一如初见的她。

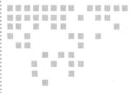

Appendix A 附录 A

应用宝精准测试案例

应用宝研发过程精准分析策略

一般来说，在不同项目的研发流程下，精准分析的策略都有所不同，下面主要介绍应用宝的研发流程以及在这样的研发模式下精准测试分析的策略。

应用宝是多 FT（功能模块小组）运作的研发模式，各个 FT 独立测试，每个 FT 分多个小分队。FT 内小分队任务并行，通过合流的方式合入主干。版本节奏快，实行双周发布模式，如图 A-1 所示。

目前应用宝各 FT 在主干都有需求，且版本过程技术优化需求占比较大。基于目前的研发现状，如何保证质量问题在合流前有效评估和发现，避免漏到主干。其次，越来越多的技术需求，测试范围不能全靠开发评估，测试人员如何保证技术需求得到有效测试发现更多问题。最后，目前版本实行双周发布，高频度测试下如何保证质量。基于目前现状，如何有效使用精准测试解决项目问题非常重要，所以针对研发过程不同阶段，我们采用不同的分析策略解决问题。

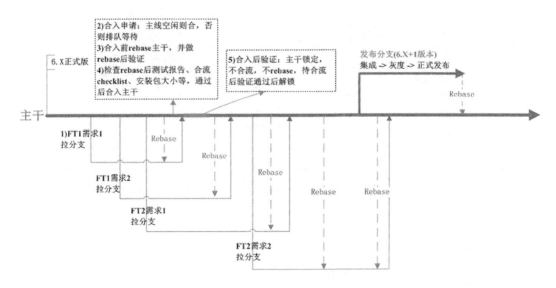

图 A-1　应用宝研发模式

如表 A-1 所示，应用宝从增量阶段开始介入精准测试，每个阶段关注的重点不一样。在增量阶段，首先分析提测需求。如果是技术优化需求，则精准分析优化改动点，分析出测试范围。其次要评估是否跟其他 FT 功能有关联，如果有，则进一步分析影响关系，其他 FT 需要测试的范围，增量阶段的精准分析，我们重点发现新需求跟主干老功能的关联影响问题。对于改动范围主要在客户端的需求，每个需求都需要进行覆盖率分析，结合覆盖率分析发现未覆盖的测试点及冗余函数。

在拉发布分支前，组内会进行一次需求宣讲，主要介绍本版本合入的新需求，各 FT 在这个阶段还会再进行一次精准评估，确认各 FT 合入的新需求是否有影响，如果是则会针对关联需求进行精准分析，确认测试范围，在集成前或者集成期间进行测试。

在发布分支灰度期间，对于每一次回归，都进行精准分析改动的 Bug，确认改动 Bug 是否改动到其他功能模块，保证发布分支质量。

表 A-1 每个阶段的分析策略及主要的解决问题

阶　段	分析策略	解决问题
增量	技术需求分析 覆盖率分析	解决新功能与主干老功能关联产生的影响问题 解决全局技术需求改动影响的功能问题 结合覆盖率分析发现未覆盖测试点及冗余函数
合流	关联功能分析	解决 FT 合流的新功能对主干影响问题
集成	关联功能分析	解决最后一天合流需求与本版本合入需求有关联影响产生的问题
灰度	Bug 修复分析	解决待发布分支修改代码可能引入的问题

从上面的研发流程中所涉及的精准分析类型，可以看出主要有三类分析：需求关联分析、全局技术需求分析、Bug 修复分析，针对这些差异分析过程所需要关注的重点也不同。如需求关联分析重点关注修改代码影响到其他 FT 什么功能，如果有关联，则分析出其他 FT 需要测试的内容。全局技术需求分析重点关注修改代码影响到的所有功能，分析出全局的测试策略。Bug 修复分析重点关注修改 Bug 是否影响到其他模块，如果对其他模块有影响，则分析出影响的功能；如果没有影响，则只回归 Bug 即可。

精准分析的模型在流程上主要分为提测、测试分析、测试执行、测试验证阶段 4 个阶段，研发流程中不同阶段精准分析的策略差异主要体现在测试分析阶段，如图 A-2 所示。

应用宝分析案例

案例说明：TouchDelegate（扩大 View 的触摸点击区域，降低用户下载的点击成本）需求，涉及到所有卡片下载按钮修改，进行精准分析。应用宝界面主要采用光子引擎实现，光子引擎是一种动态界面逻辑配置引擎。有关应用宝光子引擎的实现可见 GitHub：https://github.com/Tencent/RapidView。

下面介绍这个案例的精准测试过程。

1.确认代码范围

可以通过 svn show log 查看修改记录，或者直接跟开发者确认修改范围，如图 A-3 所示。

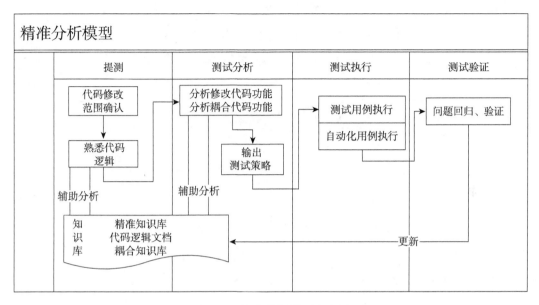

图 A-2　精准分析模型流程图

图 A-3　确认代码范围

2. 分析修改代码

下面是整个分析过程，供参考，分析思路如下：

（1）首先了解 TouchDelegate 的原理，做到知其然。

TouchDelegate 是一种扩大 view 点击范围的一种技术。Android 4.0 设计规定的有效可触摸 UI 元素标准是 48dp，这是一个用户手指能准确并且舒适触摸的区域。

如图 A-4 所示，你的 UI 元素可能小于 48dp，图标仅有 32dp，按钮仅有 40dp，但是实际可操作焦点区域最好都应达到 48dp 的大小。

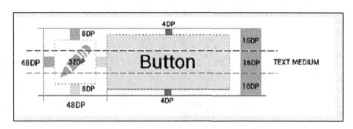

图 A-4　UI 元素设计

用户有可能点击到 Button 以外的区域，但我们的想法是只要点击了外层 48dp 的地方，都会触发 Button。

假设 Button 为 v2，最外面的一层 view 为 v1。

TouchDelegate 可以通过 v1 的 setTouchDelegate(bounds, v2) 来委派触摸事件，其中 bounds 是一个 Rect，v1 中，落在这个范围的 TouchEvent 都会传给 v2。

应用宝本次修改也是为了达到这个目的。

（2）再来分析代码中开发者是如何使用的，做到知其所以然。

我们来具体分析一下开发代码：

增加了几个关键类，引入 TouchDelegate，同时也修改了一些卡片类和资源。以下为新增类：

❑ TouchDelegateRecord：定义了一个 TouchDelegate 最小的对象节点，成员主要为 rect 和 color。

❑ TouchDelegateGroup：继承了 TouchDelegate，定义了一个 TouchDelegate 列表，重写了 onTouchEvent 方法，循环遍历获取和设置 TouchDelegate。

❑ LargeTouchableAreasLinearLayout：定义了一个继承 LinearLayout 的类，在重新 onFinishInflate，onLayout 方法中实现 TouchDelegate 功能。

（3）改动分析

最后根据开发者改动的范围，结合上面我们来分析本次改动点影响的功能点，通过精准知识库判断会影响哪些卡片类型。我们通过以下步骤进行：

1）确认是否被其他 FT 引用，使用我们的静态代码工具扫描出的关系链或者直接通过查看 Eclipse 工程中函数引用关系链来确认。在工程中选中函数→ Open Call Hierarchy，查看关系链，确认哪些功能调用到修改的函数。

2）通过精准知识库积累查询。首先我们维护了智能卡片相关的知识库，针对每一类卡片都有对应的类型、常量、样式、模型等，通过改动的函数或者类，搜索哪些卡片涉及，则需要关注哪类卡片，例如，搜索上面开发的一个变更的类 NormalSmartCardAppHorizontalNodeWithRank，得出影响的卡片如图 A-5 所示。

智能卡片	卡片模版	FT	卡片类别(类型)	卡片常量	builder	component	model	showjudge
新智能卡片	外显卡	游戏	专题卡					
	外显卡	游戏	FT自定义卡（游戏首页）（39）	SmartCardConstant_SMART_CARD_CARD_INDEX	com.tencent.clou d.gamejoy.smart Game.builder	横向样式 :com.tencent.cloud.gamejoy.smartGame.builder.horizontalNodeWithRank 竖向样式 :com.tencent.cloud.gamejoy.smartGame.builder.verticalNormalNode	com.tencent.cl oud.gamejoy.s martGame.mo del	com.tencent.cl oud.gamejoy.s martGame.show judge

图 A-5 有影响的卡片

综上所述，得出相关改动点的精准分析结论：

> 各 FT 关注以下功能卡片展示、跳转、下载：
>
> 1）外显卡 -FT 自定义卡
>
> 2）排行聚合页，复用了智能卡片的数据格式
>
> 3）优惠卡
>
> 4）优秀新应用多款卡
>
> 5）内容外显卡、游戏桌面、榜单普通的列表、搜索——正常的 App 卡片，带小编推荐语等信息
>
> 6）榜单普通的列表
>
> 7）必备栏目列表 header
>
> 8）外显卡 – 兴趣卡片外显卡 -FT 自定义卡
>
> 9）普通预约卡

10）好友圈流行卡片

11）基础手工聚合卡

12）6.0 首页兴趣聚合卡

13）基础外显卡

14）限时限量卡

15）外显卡 – 游戏已安装注册卡

16）优秀新应用卡片、明星卡片

17）游戏首发卡

18）游戏福利中心卡片

3. 输出测试策略

测试策略输出需要细化到测试人员直接看测试策略可以确认测试哪些测试点，尽量避免出现太多代码上分析语言。

测试策略：

1）检查所有卡片是否有加这个 layout 修改（新加 layout 是不可见的，但是为了测试方便让开发作了染色，可以直接看出来）。

2）检查所有卡片的按钮 1 次点击和多次点击是否正常（需覆盖分辨率，最小的分辨率一定要覆盖）。

3）检查所有卡片上，这个修改是否会遮盖到不应该遮盖的内容（比如一些可点的跳转链接）（需覆盖分辨率）。

4）各 FT 抽测 1～2 个卡片场景，检查各种下载按钮状态切换。

5）CMS 配置的卡片里面的参数和场景尽可能的全，主要担心遮盖内容的 UI 问题。

4. 测试验证

根据第 3 步输出的测试策略进行测试，出现问题进行记录，如图 A-6 所示。

能力线过所有所属星卡片场景(人力未缩减，无有效问题)
新增测试点为：改动到各FT的卡片样式，需要测试基础、内容、游戏、商业化的相关卡片（耗时、有效问题）共发现问题12个：

ID	标题	严重程度	状态	当前处理人
52064588	【应用宝6.5增量测试】【下载按钮区域扩大】能力线有下载按钮，未覆盖扩大区域场景	一般	已解决	
52062254	【应用宝6.5增量测试】【下载按钮区域扩大】手机加速、垃圾清理、大文件清理完展示可控分发页面，向上滑动页面，发生crash	严重	已关闭	
52532097	【耦合功能】【下载按钮点击区域扩大】游戏快捷桌面方式下载、暂停、继续、领取、按钮没有颜色晕染	一般	新	
52070224	【技能需求-layout】抢先体验列表页和软件页带下载banner两个模块按钮不看到新加layout的染色效果	一般	已解决	
52063004	【技能需求-layout】单款卡和明星视频卡两种卡片按钮不看到新加layout的染色效果	一般	已关闭	

图 A-6 问题记录

5. 更新知识库

目前维护的知识库从代码到功能级别主要有很多类型，如表 A-2 所示。

表 A-2 知识库类型

知 识 库	级 别	来 源	知识库格式	作 用
代码功能逻辑	代码级别	测试与开发配合梳理	Word 文档（包含功能逻辑、时序图、流程图等）	精准分析过程参考，在分析前可以先根据知识库熟悉原来的功能逻辑
类函数功能说明	代码级别	测试梳理（手动 & 自动）	XML（包含类、函数与功能的对应关系）	分析自动化，根据代码变更自动输出变更类函数的功能
资源文件与类、功能对应关系	资源文件	自动化遍历入库	XML（包含资源文件名、路径、使用类对应关系）	分析自动化，根据资源文件变更自动输出有影响类、功能
功能知识库	功能模块	测试梳理（精准分析、功能测试过程梳理）	Excel 文档（包含 FT 关键功能、影响到页面、影响到其他功能说明）	分析过程、测试过程根据知识库进一步辅助测试策略的制定

根据该功能改动更新所涉及的知识库，如表 A-3 所示。

表 A-3　功能知识库

版本	所属FT	关键功能	影响到的页面展	影响到的功能
6.5	能力线	扩大下载按钮点击区域	卡片的下载按钮	卡片的下载展示、下载功能 【商业化】 1. 详情页推广卡和搜素结果页CPT干预位卡片 2. 首页聚合卡 【内容线】 1. 所有卡片，目前共17种；（参考之前整理的卡片列表） 2. 所有native页面的下载；包括抢鲜体验列表页、单机、腾讯、游戏tab（精选、分类、排行）、软件tab（精选、分类、排行）、娱乐-书城首页及详情页（下载QQ阅读） 3. 带下载的banner 【游戏】 终端所有卡片在各个页面的展示 【基础】

手机管家精准测试案例

手管精准测试策略进化

早期手工：手工测试占据了很大的测试时间，评估测试点的范围都是衣来伸手饭来张口的时代，开发者说指哪里我们就测试哪里。第一批人开始学习工具，做手工代码覆盖率，Android 采用开源的 EMMA 作为代码覆盖率的工具，手工制造出手管的代码覆盖率报告，知道测试程度。

后期手工：有了代码覆盖率后做一些更精准的测试工具：用例精简与精准测试。用例精简；采用用例之间点（需求点）、线（用户线）、面（抽象面）的规则对用例进行揉和，重新拆装，达成用例精简的目标。精准测试：在代码覆盖率的基础上，结合 SVN DIFF 对代码覆盖率工具进行优化，可以做手工差异代码覆盖率，并且根据差异的代码来探知开发者每次修改的点，如图 B-1 所示。

早期自动化：同期，组织架构上有 Feature Team（FT）概念出现，即功能模块小组，简称 FT。每个 FT 作为一个小团队独立快速地发布版本跟快速验证。测试者面临的要求越来越高，对此也开始进行转型，将之前的手工测试稳定化、常规化。代码覆盖率平台是这个期间迸发的一个产物。就像自然生态循环一样，对代码覆盖率平台进行优化，对之前的智慧进行保存并且重复利用称为知识库。如图 B-2 所示。

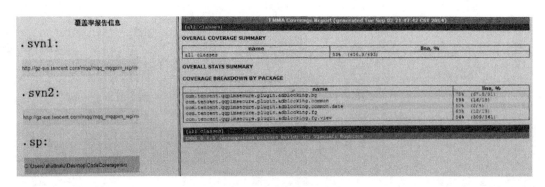

图 B-1　代码覆盖率

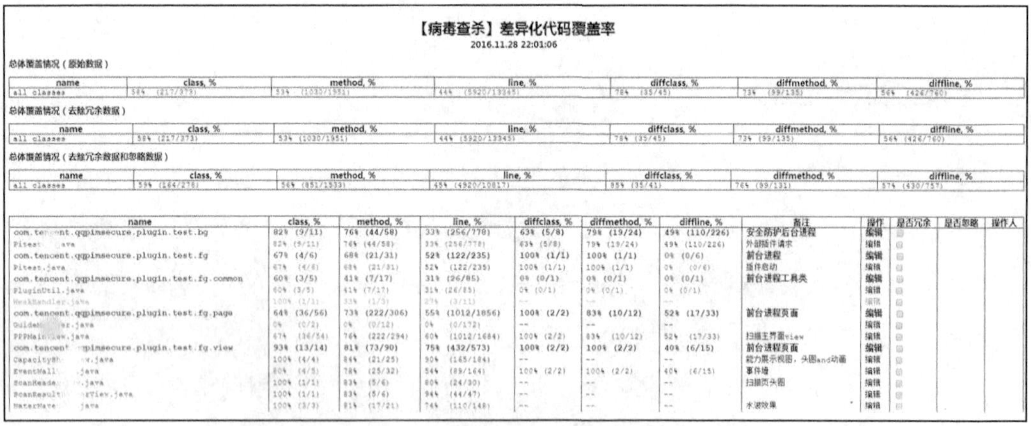

图 B-2　知识库以及代码覆盖率结合

自此手管的代码覆盖率平台集成不少功能，从全量覆盖率到差异覆盖率的执行基本完善，如图 B-3 所示。

晚期自动：测试过程中做测试分析，通过阅读代码，开发 CR 等方式，用 UML 逻辑图来表达代码逻辑，测试过程中根据代码找到独一无二的路径，既能准确地覆盖代码，又不会漏测掉对应的路径，如图 B-4 所示。

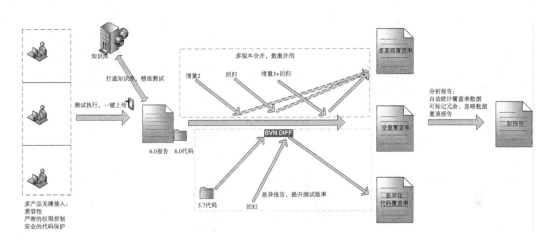

图 B-3　平台支持能力

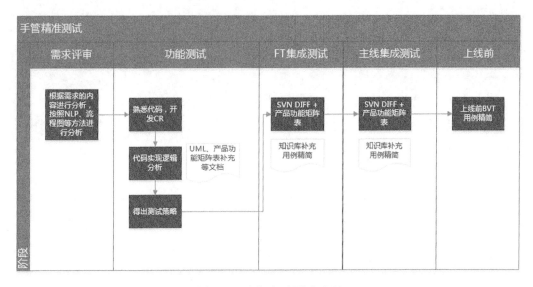

图 B-4　晚期自动测试过程

　　测试分析是贯穿增量测试、FT 集成、主线集成上线前的过程，分两部分：自身功能逻辑、外部影响逻辑（耦合），自身功能逻辑通过对 UML 的梳理获取；外部影响逻辑通过产品功能矩阵表进行获取，并且在 FT 集成主线集成进行运用，从 2 天集成到 1 天的压缩效果，如表 B-1 所示。

表 B-1　测试分析覆盖内容

阶　段	自身功能	外部影响
需求分析	通过 UML 草图梳理产品产品逻辑	梳理自身逻辑与外部接口有关系的点
增量阶段	梳理代码实现逻辑，代码接口，函数	梳理跟外部接口，维护产品功能矩阵表
FT 集成	SVN DIFF	FT 内模块功能矩阵表
主线集成	SVN DIFF	与其他 FT 的模块功能交集

手管精准测试分析案例

这里主要给大家讲一下手管主线集成的精准测试，按照上面的描述，我们主线集成是采用"SVN DIFF + 产品功能矩阵表"进行的精准测试。

在一个充满氧气的封闭盒子里面，你扔进去一根有火花的火柴，实际上盒子里不是等于有氧气 + 火柴，还有两者碰撞出各种各样的火花，即产生化学反应。是的，我们的代码也是那么神奇，你修改了部分代码，这部分代码跟原来的代码也会产生化学反应，生成火花。

产品功能矩阵表用于记录模块与模块之间千丝万缕的关系，也就是代码与代码之间千丝万缕的关系，矩阵表主要由几部分组成（插件太大还可以划分小模块），如表 B-2 所示。

表 B-2　产品功能矩阵表

插件 A	插件 B	调用关键字	场　景	备　注
A	B	XXX	S	插件 A 在 S 场景通过 XXX 的方式发送 / 广播 / 调用 B 插件

SVN DIFF 是指代码的差异，这个就是火花。主要关注本身逻辑，这个修改点是什么内容。查看 SVN DIFF 也有很多神器，可以通过 SVN 自带的 DIFF 功能，也可以使用腾讯自研的 Code Review 工具进行差异分析。

我们的修改路径如下：

修改的代码＋代码影响的范围＝实际精准测试的点

通过主线集成，判断开发者修改的代码以及影响的产品功能，圈定测试范围，可快速地减少测试时间。

测试病毒查杀功能的主线集成时，查看 SVN DIFF 的代码，主要包含以下的内容：

代码分析：按照模块对应的代码包进行分类，梳理差异的代码测试点，如图 B-5 所示是 6.8 版本通知栏的小修改点，通知栏最难的就是适配问题，所以定位出修改点主要是针对哪一些机型，哪一些 API 级别的手机，避免盲目全量适配测试。

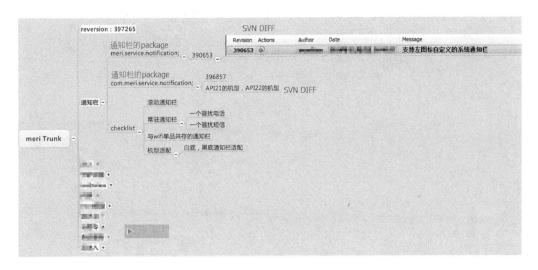

图 B-5　梳理差异代码

耦合分析：耦合是精准测试的一大杀手，利用产品功能矩阵表判断这个功能是否与其他模块耦合，如图 B-6 所示。

图 B-6　判断耦合

校验：测试完毕之后，对线上质量进行观察，做测试回归闭环分析。

　　收益对比：我们从 6.3 版本开始进行做 DIFF 的集成精准测试，并且在用例执行上有量的突破。从质量上看，我们的产品线上缺陷为 0。通过这种反复校验的办法去确认方法的可行性，见表 B-3。

表 B-3　收益对比

Meri	FT集成	主线集成	上线前	备注
6.3版本	261	193	111	按照用例执行
6.4版本	40	20	20	6.4版本开始持续做svndiff
6.5版本	19	21	20	
6.6版本	150	128	40	6.6版本后续加入支付保险箱、支付安全等模块
6.7版本	79	64	40	

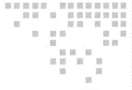

附录 C　*Appendix C*

Android 客户端精准分析规则

应用宝精准分析过程中，改动的类型比较多，针对每一种改动类型都有对应的分析方法，现对于这些规则总结如下，再结合案例说明分析流程。

1. try-catch 容错

改动前，如下所示：

```
UsageStatsManager usm = (UsageStatsManager) context.getSystemService(Context.
USAGE_STATS_SERVICE);
long ts = System.currentTimeMillis();
usageStats = usm.queryUsageStats(UsageStatsManager.INTERVAL_BEST, ts - 1000 *
60, ts);
```

上面代码的 usm 对象可能会获取失败，或出现异常。

改动后，如下所示：

```
try {
    UsageStatsManager usm = (UsageStatsManager)context.getSystemService(Context.
        USAGE_STATS_SERVICE);
    long ts = System.currentTimeMillis();
    usageStats = usm.queryUsageStats(UsageStatsManager.INTERVAL_BEST, ts - 1000
        * 60, ts);
    } catch (Throwable throwable) {
```

```
    throwable.printStackTrace();
}
```

这种修改，开发一般是根据 bug 日志抛出的异常，找到对应的代码点，加一下捕获，防止程序崩溃。

对这样的修改我们可以忽略，如果改动之前有 bug 单，可以按当时的问题描述多测试几次，通过就可以。

2. java.lang.NullPointerException

改动前，如下所示：

```
mConnectCountDownLatch.countDown();
```

改动后，如下所示：

```
if (mConnectCountDownLatch != null) {
    try {
        mConnectCountDownLatch.countDown();
        } catch (Throwable throwable) {
            if (Global.ASSISTANT_DEBUG)throwable.printStackTrace();
        }
}
```

这种修改，开发一般也是根据 bug 日志抛出的 NullPointerException 异常，找到对应的代码点，加一下空判断和异常捕获，防止程序崩溃。

对这样的修改，我们可以忽略，如果改动之前有 bug 单，可以按当时的问题描述，多测试几次通过就可以。

3. 日志相关的增加和埋点

代码如下所示：

```
if (Global.ASSISTANT_DEBUG)
XLog.d("BaseGragment","get View return null.");
```

这种修改主要是开发增加调试日志，分析过程可以忽略。

4. 删除无用的代码

Svn 上修改记录中出 delete /proj/branches/Project/****/*.java 类似信息。

这里包含两种情况：

❑ 类和方法删除：像上例直接删除整个类，我们一般可以不去关注；如果有问题，开发编译的时候就会报错，只要保证删除的类或方法曾经不为外部调用即可。

❑ 类方法中某几行代码删除：这需要根据实际情况具体分析删除的几行代码的影响，以及该函数被哪些功能引用，是否影响到对应功能。

5. 调用位置修改

这种情况需要根据上下文做一些分析判断。

6. 加入或去掉临时线程的处理

改动前，如下所示：

```
FusionInjectReporter.report(0, CftTacticsUploadEventEngine.STATUS_ACTIVE,
    Global.getBuildNo(), Global.getOriBuildNo(), (byte) 0);
```

改动后，如下所示：

```
TemporaryThreadManager.get().startDelayed(new Runnable() {
        @Override
        public void run() {
            FusionInjectReporter.report(0,
CftTacticsUploadEventEngine.STATUS_ACTIVE, Global.getBuildNo(), Global.
    getOriBuildNo(), (byte) 0);
        }
}, 3000L);
```

这里存在多进程的代码，要额外关注一下，要关注放入临时线程处理的代码是否和多进程场景处理相关，如果有可能会存在两边不同步的状态风险，如果不是多进程的，忽略掉。

7. 延时处理的时间调整

改动前，如下所示：

```
HandlerUtils.getDefaultHandler().postDelayed(new Runnable() {
        @Override
```

```
        public void run() {
            WnsInitManager.getInstance().initTotal();
        }
    },4000L);
```

改动后，如下所示：

```
HandlerUtils.getDefaultHandler().postDelayed(new Runnable() {
        @Override
        public void run() {
            WnsInitManager.getInstance().initTotal();
        }
    },6000L);
```

这样的时间调整主要关注启动后数据拉取是否正常，以及客户端性能表现。如果延迟任务涉及客户端功能表现（如拉取更新任务会影响到更新列表的展示），还需要关注对应功能在启动客户端后是否正常。

8. context 修改

改动前如下所示：

```
public void initForDeamon(Context context) {
    registerDaemonDynamicBroadCastReceiver(AspApp.self());
```

改动后如下所示：

```
public void initForDeamon(Context context) {
    registerDaemonDynamicBroadCastReceiver(context);
```

获取应用的 context 修改成当前的 context，这种 context 一般是上下文获取异常时的修改，测试主要关注这部分代码对应功能正常就 OK。

9. 新增功能 / 删除功能

新增功能：看懂开发者的代码设计架构和思路，根据其架构去看代码会很容易理解，对应新增的代码不去关注耦合，但对应新增的调用老代码的地方，需要通过调用关系链分析一下耦合影响。

删除功能：需重点评估耦合影响，利用我们原先精准的工具对删除的类、方法的引用和调用关系做一次分析，再结合对代码的理解和知识库，来分析其耦合影响。

10. 资源的增加和删除、修改

对于 res 下的图片 /xml/string/color 等修改，统一可以归纳成资源的修改。

我们可以根据精准的扫描工具，或自己做的扫描工具，扫描出这些资源在代码中引用处，根据引用处再去找到对应的功能或页面、控件等，再用实际的功能测试覆盖一下。

11. so、插件文件的修改

有插件、so 的代码可以具体去分析其代码改动，如果没有，需要开发配合给出其修改的点，再根据该修改点在客户端的调用点去评估影响。

12. build 文件和 AndroidManifest.xml 的修改

根据具体修改点涉及的功能做评估。

13. rebase 代码

需要关注 rebase 代码的功能，是否和现有的代码存在冲突（这里不是编译冲突，开发会解决这个事情），扫描 rebase 的修改列表和现有分支中最近改过的代码列表是否存在相同的，对这些相同的点做一下评估。

14. private 和 public 互相更改

一般开发人员为了减少方法数进行的更改，正常不会有影响，除非提供给外部使用的接口，就需要额外关注一下，防止外部调用异常。

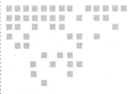

Appendix D 附录 D

iOS 代码覆盖技术最佳工程实践

iOS 代码覆盖率工具：XCode 和 lcov。

步骤一：环境的配置

XCode 是 iOS 项目的开发环境，需要在 Xcode 里进行代码覆盖率配置，并将 App 编译到 iPhone 上。此步骤的目地，是让 App 在运行中可插桩，生成代码覆盖率文件。

Xcode7 以上版本都可以按以下方法修改编译设置项，以生成覆盖率文件。

1）在工程中，进入工程配置，选择 Test 选项，在对应设置中，把 Gather coverage data 这个选项选中，如图 D-1 所示。

2）在 main 函数中添加如下代码（仅真机运行需要这一步），如图 D-2 所示。

编译 APP 到真机或模拟器。

步骤二：执行用例，生成代码覆盖率文件

测试 App 时便会生产代码覆盖率中间文件（.gcno 和 .gcda），提示哪些代码执行了，哪些代码没有执行被记录下来，代码覆盖率中间文件不具备可读性，需要代码覆盖率工具分析并生成可读的代码覆盖率文件。

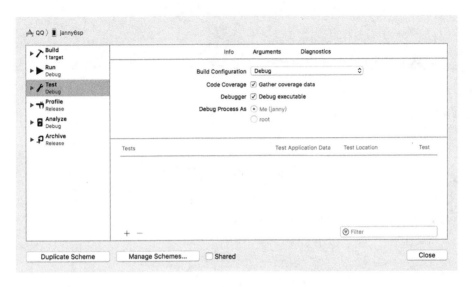

图 D-1　代码覆盖率实践图 1

```
int main(int argc, char *argc[])
{
    const char *prefix = "GCOV_PREFIX";
    const char *prefixValue = [[NSHomeDirectory()
        stringByAppendingPathComponent:@"Documents"] cStringUsingEncoding:
        NSASCIIStringEncoding];
    const char *prefixStrip = "GCOV_PREFIX_STRIP"; const char *prefixStripValue
        = "13";
    setenv(prefix, prefixValue, 1);
    setenv(prefixStrip, prefixStripValue, 1);

    @autoreleasepool{
            return UIApplicationMain(argc, argv, nil, NSStringFromClass
                ([AppDelegate class]));
    }
}
```

图 D-2　代码覆盖率实践图 2

步骤三：生成覆盖率数据

lcov 是代码覆盖率文件生成工具。执行 lcov 命令 lcov --capture --directory ./ --output-file ./test.info，产生 test.info 文件。

执行 genhtml 命令 genhtml test.info --output-directory output。执行完毕后，

打开 output 目录下的 html 文件，即可看到代码覆盖报告。

步骤四：生成差异化代码覆盖率

上述步骤是实现了全量代码的代码覆盖率测试，要提高测试效率，则需要在此基础上做差异化代码覆盖率。

采用差异化代码覆盖率原因：

1）对差异化代码进行更精准测试，提高测试效率。

2）有针对性地测试和分析代码，提高测试用例的有效性。

3）对测试的质量更有保证，预防漏测。

差异化代码覆盖率实现思路如图 D-3 所示。

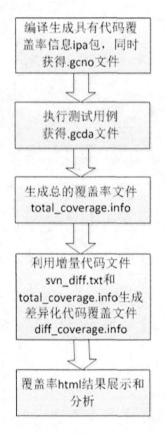

图 D-3 差异化代码覆盖率实现思路

具体方法如下：

SVN diff 获得版本差异化代码文件，保存到 svn.txt：

```
svn diff url -rrevision1:revision2 > svn.diff.txt
```

利用 total_coverage.into 和 svn_diff.txt 的特点，通过自开发的脚本处理得出差异化代码覆盖率文件。

脚本实现功能如下：

1）从 svn_diff.txt 中筛选出新增的行数并存储；

2）根据存储的变更行数，过滤掉 total_coverage.into，得到 diff_coverage.into。

代码覆盖率报告类似于图 D-4，有目录视图、文件视图、源码视图等。

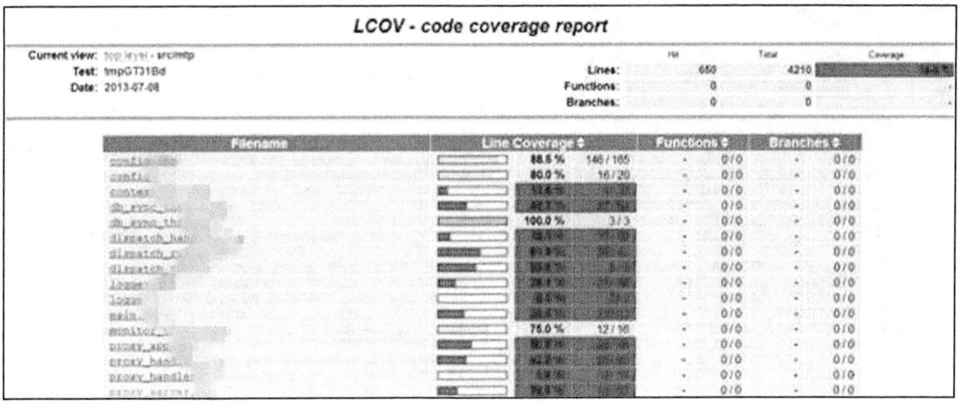

图 D-4　代码覆盖率报告

推荐阅读

深入理解Android自动化测试
作者：许奔 ISBN：978-7-111-52120-4 定价：99.00元

测试架构师修炼之道：从测试工程师到测试架构师
作者：刘琛梅 ISBN：978-7-111-53241-5 定价：69.00元

腾讯Android自动化测试实战
作者：丁如敏 盛娟 等 ISBN：978-7-111-54875-1 定价：69.00元

软件测试价值提升之路
作者：杨晓慧 ISBN：978-7-111-55032-7 定价：59.00元

Web测试囧事
作者：黄勇 雷辉 徐满 杨雪敏 ISBN：978-7-111-56940-4 定价：59.00元

嵌入式软件测试：方法、案例与模板详解
作者：李龙 刘文贞 铁坤 ISBN：978-7-111-55517-9 定价：59.00元